DOMAINE DES CAUSSES

(COMMUNE DE LATTES)

NOTICE-MONOGRAPHIE

MONTPELLIER
IMPRIMERIE SERRE ET ROUMÉGOUS, RUE VIEILLE-INTENDANCE, 5
1909

DOMAINE DES CAUSSES

(COMMUNE DE LATTES)

NOTICE-MONOGRAPHIE

DOMAINE DES CAUSSES

(COMMUNE DE LATTES)

NOTICE-MONOGRAPHIE

MONTPELLIER
IMPRIMERIE SERRE ET ROUMÉGOUS, RUE VIEILLE-INTENDANCE, 5

1909

DOMAINE DES CAUSSES

(COMMUNE DE LATTES)

NOTICE-MONOGRAPHIE

La plaine de Lattes, sise au sud de Montpellier, est bordée à l'est par une ligne de collines qui, partant du nord et du nord-est de Montpellier, vient mourir aux étangs du littoral. Le domaine des Causses, acheté par M. Prosper Gervais en 1890, est à cheval sur ces collines et sur la plaine ; les bâtiments d'exploitations sont bâtis sur le point culminant et sur l'arête même de ces petites hauteurs, qui s'élèvent environ à 25 mètres au-dessus du niveau de la mer. Celles-ci se relèvent parfois assez brusquement en pente raide ; et c'est à peine si, à leur base, les terres du coteau et les sols d'alluvion de la plaine se trouvent mélangés sur un espace de quelques mètres ; la ligne de démarcation est très nette entre les unes et les autres : ce sont les alluvions qui, peu à peu, ont recouvert le pied des coteaux d'une couche uniforme et grisâtre. Au-dessus s'étend un vaste plateau qui aboutit aux ondulations appelées « coteaux de Pérols ». L'ensemble est constitué par une coulée de diluvium alpin qui couvre pour ainsi dire tout le pays jusqu'à Lunel, et va se ramifier aux costières de Saint-Gilles. C'est un mélange très variable de cailloux roulés, de silice et d'argile, exempt de calcaire, tantôt riche, tantôt pauvre, suivant que l'argile ou la silice dominent et suivant la proportion des éléments qui les accompagnent.

Une partie du domaine est située sur ces coteaux ; l'autre, à l'opposé, dévale dans la plaine, constituée par les alluvions modernes de deux cours d'eau, le Lez et la Lironde, sols argilo-calcaires, riches et profonds.

Au moment de l'acquisition par M. Gervais, les coteaux (14 hectares environ) étaient complantés de vignes américaines greffées ; la plus grande partie de la plaine (18 hectares) était occupée par les céréales (blé ou avoine) ; le reste comprenait d'abord quelques vieilles vignes françaises soumises à la submersion et à l'arrosage (6 hectares), ensuite quelques nouvelles vignes américaines, de plantation toute récente, et non encore greffées.

Le domaine était en assez mauvais état, délaissé par son propriétaire qui habitait Toulon, exploité par un régisseur en résidence à Montpellier. Les terres étaient envahies par le chiendent et les mauvaises herbes, insuffisamment cultivées par les quatre bêtes de trait qui garnissaient l'écurie. La plupart des travaux du vignoble, même la taille, étaient effectués à forfait par mesure d'économie et laissés sans surveillance.

Les bâtiments d'exploitation étaient vieux et en délabre : ils comprenaient un petit logement pour le régisseur, un logement pour le payre, une écurie pour six chevaux, une remise, un petit hangar insuffisant pour abriter les quatre charrettes de l'exploitation, un cellier à peu pres vide, constitué par quatre cuves en maçonnerie, un foudre de 350 hectolitres, deux foudres de 280 hectolitres et deux de 130 hectolitres, par un pressoir et une pompe fixe. Il n'existait pas de maison d'habitation pour le propriétaire.

Le premier soin fut de mettre de l'ordre en toutes choses, de procéder aux réparations les plus urgentes, de prendre un régisseur à demeure, de remonter l'écurie par l'achat de deux nouvelles bêtes, de renouveler et de compléter le matériel agricole, d'accroître le personnel attaché à l'exploitation, en un mot de s'organiser sur tous les points pour réaliser le but que l'on s'était proposé.

Ce but, c'était exclusivement la constitution d'un vignoble devant embrasser l'étendue entière du domaine.

A cette époque, la reconstitution du vignoble méridional à l'aide des cépages américains battait son plein : on était sorti des incertitudes, des hésitations, des tâtonnements de la première heure : le Riparia et le Jacquez, tour à tour employés comme porte-greffes, jouissaient de la faveur universelle. Il semblait qu'ils dussent suffire à toutes les tâches. D'autre part, le prix des vins était fort élevé, largement rémunérateur : chacun se hâtait vers des plantations nouvelles, vers des rendements accrus : toutes les espérances, toutes les aspirations, toutes les ambitions allaient à la culture de la vigne, à l'exclusion de toute autre. Les grains, les fourrages étaient livrés sur les marchés méridionaux à des prix relativement bas : les foins, les luzernes valaient 6 à 7 francs les cent kilos; les avoines 15 francs; tandis que les vins, objet de demandes suivies, oscillaient entre 20 et 25 francs l'hectolitre. Comment échapper au courant, d'ailleurs très justifié par les circonstances, qui entraînait la propriété méridionale?

Dès lors, tous les efforts devaient être concentrés, orientés et tendus vers la réalisation de ce programme initial — créer un vignoble, — où avait pris naissance l'idée même de l'acquisition du domaine.

Celui-ci, au surplus, semblait placé dans les conditions les plus favorables pour remplir cet objectif. M. Gaston Bazille, ami de la famille, dont le célèbre domaine de Saint-Sauveur est tout voisin de celui des Causses et sur plusieurs points immédiatement contigus à celui-ci, avait fourni les plus encourageantes indications, et fortement poussé à l'achat. N'avait-il pas replanté déjà, avec un plein succès auquel était venu applaudir le Ministre de l'agriculture en personne, ses terres des coteaux de Pérols? N'avait-il pas esquissé la replantation de ses terres de Lattes, où la réussite ne paraissait pas douteuse?

Avec un tel exemple à suivre, avec de tels enseignements sous les yeux, comment hésiter?

Une fois reprises en main et remises en parfait état, les vignes de coteau devaient donner d'excellents produits, tandis que les terres de plaine, réputées dans tout le pays comme riches et d'excellente qualité, étaient appelées à des productions élevées.

Une conception générale s'imposait donc, *à priori*, tout naturellement : s'efforcer de produire sur les coteaux, par des améliorations successives, *des vins de qualité*; viser, dans la plaine, par l'emploi presque exclusif de l'Aramon, l'obtention *de la quantité*, mais avec ce correctif qui, dès le premier jour, était apparu comme nécessaire, comme intimément lié à lui, à savoir qu'il conviendrait de se spécialiser, de s'orienter vers la vinification en blanc des produits abondants de la plaine, de manière à en tirer le meilleur parti possible et à distinguer, à caractériser par là la production dominante des Causses.

Il s'en fallait cependant que tout allât d'aussi rassurante manière ; et l'événement ne devait pas tarder à désiller les yeux sur les difficultés que présentaient aux vignes américaines ces terres de Lattes, de très bonne qualité sans doute, mais que leur richesse insoupçonnée en carbonate de chaux rendait à certains égards particulièrement dangereuses.

Dans le pays — et avec juste raison — c'est par les coteaux que la reconstitution avait commencé : il s'était trouvé fort heureusement que, dans ces sols de silice et d'argile, toutes les vignes américaines, Clinton, Taylor, Jacquez, Riparia végétaient admirablement. Et, dès lors, le problème de la reconstitution avait pu être considéré comme résolu. On n'avait point nettement attaqué les terres de plaine où subsistaient encore, d'ailleurs, d'assez nombreuses vignes françaises soumises à la submersion. Les quelques essais qui y avaient été faits, avaient donné des résultats divergents et peu concluants. M. Gaston Bazille avait obtenu, dans quelques parcelles très fraîches, de bons résultats avec le Solonis. D'autres, dans le voisinage, préconisaient le Jacquez, d'autres enfin le Riparia, et plus particulièrement cette forme sélectionnée naguère par M. Louis Vialla, le Riparia-Gloire de Montpellier. Néanmoins, des manifestations de chlorose étaient apparues de ci de là dans des plantations nouvelles ; et M. Félix Sahut avait poussé le cri d'alarme. La question de reconstitution des terrains calcaires venait de naître ; et elle se posait, aux Causses, dans des conditions de brutalité qui ne laissaient pas d'être particulièment inquiétantes. Dès ce moment, c'est-à-dire au lendemain même de ma prise de possession, toutes mes forces, toute mon énergie devaient obstinément s'appliquer à la résoudre.

En étudiant une à une toutes les terres du domaine, je fournirai tous les renseignements de nature à préciser les étapes par lesquelles chacune d'elles a passé, les fortunes diverses que chacune d'elles a subies ; j'analyserai les améliorations, les modifications d'ordre divers qui leur ont été apportées ; je noterai les résultats acquis ; j'indiquerai les accroissements réalisés et la pensée qui les a dictés ; je passerai en revue les expériences de toutes natures entreprises à différents points de vue, les méthodes culturales auxquelles je me suis finalement arrêté et leur raison d'être. J'examinerai ensuite les changements profonds dont les bâtiments d'exploitation ont été l'objet, les constructions nouvelles, l'installation des celliers avec les procédés de vinification auxquels elle entend répondre. Je dresserai le bilan de l'exploitation à ce jour; je résumerai enfin l'œuvre entière et ce qu'il est permis d'en espérer ou d'en attendre dans l'avenir.

I

TERRES DU DOMAINE

La première préoccupation fut pour le vignoble. Il importait d'une part de l'accroître le plus rapidement possible ; et, d'autre part, en attendant la mise en production des vignes que l'on rêvait de créer, d'améliorer celles déjà existantes en leur prodiguant les soins dont jusque-là on s'était montré manifestement trop avare à leur égard.

Précisément, au centre même du domaine, de vastes terres, « les Tamaris » s'offraient à souhait pour la réalisation de ce plan. Depuis, plusieurs années déjà, elles étaient consacrées à la culture des céréales ; à côté d'elles, tout le bas du coteau abrupt de Couran portait une luzerne vieille d'une dizaine d'années, et presque complètement usée. C'était un bloc de 15 à 16 hectares environ, bien placé pour subir les transformations projetées et recevoir de jeunes plantations américaines. Il suffisait pour les mettre en état définitif d'expurger le chiendent, de refaire les fossés et les bordures, enfin de les défoncer profondément. Seulement, comme il était impossible, avec les seuls moyens dont disposait le domaine, de venir à bout d'un charruage aussi important, on résolut de défoncer une partie (5 hectares du deuxième Tamaris) avec la charrue ordinaire et les animaux de trait renforcés par des bêtes de louage, et de confier à une entreprise de charruage à la vapeur le défoncement du reste. Quant à la plantation elle-même, je m'étais décidé, après bien des hésitations, à adopter comme porte-greffes pour le Grand-Tamaris : le Jacquez, le Riparia et le Taylor ; pour le deuxième Tamaris : le Solonis ; pour le bas de Couran : le Riparia Grand-Violet et le Riparia-Gloire. Je n'osais, à la vérité, sortir complètement du cercle un peu étroit des cépages uniquement employés à cette époque dans le midi de la France ; mais j'étais résolu à tenter une expérimentation décisive des nouveaux porte-greffes hybrides dont les premiers rapports de M. Ravaz, à Cognac, signalaient l'intérêt, et à leur consacrer les 3 hectares entiers du troisième Tamaris. Cette expérimentation étendue devait être, dans ma pensée, la clé et le pivot de toutes mes reconstitutions à venir.

Pour l'examen de ces premières plantations de vignes, je prie qu'on veuille bien se reporter à une publication déjà ancienne d'une dizaine d'années (*les champs d'expériences des Causses*), où l'on retrouvera toutes les indications techniques. Je me bornerai à compléter celles-ci par les constatations relevées sur les lieux mêmes d'année en année depuis 1900.

Terre du 3e Tamaris *(N° 122, section B du plan cadastral, 3 hect.)*

(Voir les *Champs d'expériences des Causses*, de la page 5 à la page 19)

Depuis 1900, le champ d'expériences ou vigne du troisième Tamaris, n'a subi aucune modification essentielle, hormis les deux suivantes : le carré École de porte-greffes, désormais sans intérêt pratique, a vu éliminer toutes les variétés manifestement insuffisantes. Les trois lignes de Petit-Bouschet ont été surgreffées en Aramon, parce qu'elles étaient, au moment des vendanges (la récolte du troisième Tamaris étant toujours vinifiée en blanc), une occasion de trouble et de dérangement pour le personnel. Puis, au regard de l'affinité, elles n'avaient plus rien à apprendre. Le carré des hybrides Millardet et Castel a été arraché, pour des motifs analogues, et remplacé par des greffés d'Aramon sur 41 B et sur 333.

La physionomie générale n'a guère changé : de tous les cépages expérimentés, les Berlandieri n° 1 et n° 2 Rességuier conservent incontestablement la maîtrise ; après eux, les *333* se sont non seulement maintenus, mais affirmés chaque année davantage ; propagés sur d'autres points, ils comptent parmi les meilleurs porte-greffes ; j'aurai l'occasion d'y revenir. Les carrés de 1202, d'Aramon × Rupestris nº 1, de Rupestris du Lot, de 3306 ont continué à donner toute satisfaction : aucun fléchissement phylloxérique n'a été constaté. Comme production, le troisième Tamaris a fourni régulièrement des récoltes abondantes, rémunératrices, ainsi qu'en témoigne le relevé suivant, de telle sorte qu'au point de vue des résultats pratiques et financiers, l'expérience tentée au troisième Tamaris, qui pouvait paraître quelque peu téméraire et qui a été jugée telle au début, a tourné à l'avantage du domaine.

RÉCOLTES DU 3e TAMARIS

Années	1893.....	3	pastières,	soit	42	hectolitres
—	1894.....	9	—	—	126	—
—	1895.....	6 1/2	—	—	91	—
—	1896.....	9 1/2	—	—	133	—
—	1897.....	20	—	—	280	—
—	1898.....	26	—	—	364	—
—	1899.....	37	—	—	518	—
—	1900.....	38	—	—	532	—
—	1901.....	42	—	—	588	—
—	1902.....	34	—	—	476	—
—	1903.....	37 1/2	—	—	525	—
—	1904.....	51	—	—	714	—
—	1905.....	34	—	—	476	—
—	1906.....	42	—	—	588	—
—	1907.....	48	—	—	672	—
—	1908.....	24	—	—	336	—

Terre du 2me Tamaris *(Nº 124 du plan cadastral, 5 hectares)*

(Voir les *Champs d'expériences des Causses*, de la page 33 à la page 41).

Grâce à l'application annuelle du traitement Rassiguier contre la chlorose, grâce au remplacement méthodique de tous les ceps malingrés ou peu vigoureux, grâce à de larges et copieuses fumures, la vigne du deuxième Tamaris est devenue, avec le temps, une des plus belles du domaine. La production y est à la fois régulière et abondante.

L'essai de mise sur fils de fer et de taille longue n'y a point été de longue durée ; et il a fallu bien vite en rabattre des illusions ou des espérances de la première année. Au bout de peu de temps, la vigne donna, dans son ensemble, des signes de fatigue si manifestes qu'il fut nécessaire d'en revenir à la taille courte en gobelet. C'est à ce moment que j'imaginai et que j'adoptai, pour l'étendre ensuite à tout mon vignoble, l'établissement en souche haute, à 50 ou 60 centimètres du sol, le cep étant maintenu et soutenu par un fort piquet de 1 mètre. Ce mode d'établissement a parfaitement répondu à ce que j'attendais de lui et au double but que je me proposais : élever mes souches pour les défendre plus facilement en même temps contre les gelées de printemps et contre la pourriture. J'ai ainsi réussi à m'assurer, par d'autres moyens, tout aussi efficaces et moins coûteux, les bénéfices que j'avais escompté de la mise sur fils de fer et de la taille longue. J'aurai l'occasion de revenir plus tard, à propos des méthodes culturales, sur les avantages de ce *modus faciendi*.

Le champ d'expériences du deuxième Tamaris mérite une mention spéciale ; non seulement il a servi aux constatations, aux investigations rapportées aux pages 34 et suivantes des *Champs d'expériences des Causses*, mais encore il a permis l'étude de porte-greffes nouveaux, inconnus jusqu'alors, dont la valeur réelle et les aptitudes se sont révélées là, de manière assez frappante, pour m'autoriser à les signaler à l'attention des viticulteurs et à les propager ailleurs. Tels sont notamment les hybrides de Berlandieri de M. Malègue *150-13* et *150-15* (Berlandieri × Aramon Rupestris nº 1) ; *48-1* et *48-18* (Berlandieri × Aramon Rupestris gigantesque) ; ou encore les hybrides de Solonis × Rupestris du Lot de M. Castel, qui doivent à ces essais d'être connus aujourd'hui.

Ici encore les Berlandieri purs accusent leur prééminence ; sans conteste, ils sont les plus beaux, autant par la vigueur que par la fructification. A côté d'eux, les hybrides de Berlandieri × Riparia, étudiés comparativement, mettent en relief le 157-11, les 33 et 34

École, puis les 420 A et B. Les Berlandieri × Rupestris, comme 301, leur sont inférieurs. A l'extrémité de ce petit champ d'expériences, avant la collection de pieds-mères destinés à la multiplication et aux plantations annuelles, se trouvent les vieux pieds de 157-11, greffés en 1894. Ce sont, je crois, les plus anciennes greffes des 157-11 qu'il y ait, après celles de *Tout-Blanc* ; leur tenue parfaite ne s'est point démentie un seul jour : toutes les notes, relevées annuellement, sont unanimes à souligner leur vigueur en même temps que la régularité et l'abondance de leur fructification. Si je n'ai point hésité à répandre 157-11, à le propager au dehors, à le recommander comme un des meilleurs, comme le meilleur peut-être, des Berlandieri × Riparia, c'est à cet essai concluant du deuxième Tamaris que je le dois.

La collection de pieds-mères qui accompagne et termine ce champ d'essais comprend surtout des hybrides de Berlandieri. D'abord tous les types de Berlandieri × Riparia utilisés couramment aux Causses : 157-11 ; 33 et 34 Ecole ; 420 A et 420 B ; 7501 et 7605 de Castel ; puis 150-13 et 150-15 ; 333 ; 45 Ecole ; et l'intéressante série des Vinifera-Berlandieri de Millardet, remarqués à Marsville, près Cognac : 18-50 ; 18-49 ; 19-20 ; 19-52 ; 19-62, etc.

RÉCOLTES DU DEUXIÈME TAMARIS

Années					
Années 1893.....	3 ½ pastières,	soit	49 hectolitres		
— 1894.....	15	—	—	210	—
— 1895.....	16	—	—	224	—
— 1896.....	15	—	—	210	—
— 1897.....	28	—	—	392	—
— 1898.....	58	—	—	812	—
— 1899.....	66	—	—	924	—
— 1900.....	57	—	—	798	—
— 1901.....	60 ½	—	—	847	—
— 1902.....	52 ½	—	—	805	—
— 1903.....	34	—	—	476	—
— 1904.....	76	—	—	1064	—
— 1905.....	55 ½	—	—	777	—
— 1906.....	62	—	—	868	—
— 1907.....	67	—	—	938	—
— 1908.....	36	—	—	504	—

Terre du Grand-Tamaris (*N° 123 du plan cadastral, 6 hectares*)

(Voir *Les Champs d'expériences des Causses*, pages 41 et 42)

Les vicissitudes qu'a traversées la vigne du Grand-Tamaris sont un exemple typique des difficultés auxquelles s'est heurtée aux Causses l'adaptation des vignes américaines. Elles mettent en vedette ce qu'avait eu de contestable, comme opération agricole, le défoncement profond à l'aide du charruage à vapeur, et les efforts de toutes sortes qu'il a fallu faire pour réparer les erreurs du début et pour triompher victorieusement de tous les obstacles. Le relevé des récoltes établira, mieux que toutes les démonstrations, l'ampleur de ces vicissitudes ; et combien fut décisive, pour cette terre, la replantation opérée en 1897 et 1898, conformément aux indications positives fournies par les essais antérieurs.

RÉCOLTES DU GRAND-TAMARIS

Années	1893.....	4	pastières,	soit	56	hectolitres
—	1894.....	13	—	—	182	—
—	1895.....	11 1/2	—	—	161	—
—	1896.....	14 1/2	—	—	203	—
—	1897.....	23	—	—	322	—
—	1898.....	23	—	—	322	—
—	1899.....	33 1/2	—	—	469	—
—	1900.....	38	—	—	532	—
—	1901.....	63	—	—	882	—
—	1902.....	50	—	—	700	—
—	1903.....	47	—	—	658	—
—	1904.....	87	—	—	1218	—
—	1905.....	66	—	—	924	—
—	1906.....	78	—	—	1092	—
—	1907.....	88	—	—	1232	—
—	1908.....	44	—	—	616	—

Terre de la Cougourlude (*N°s 108, 114, 115 du plan cadastral; 2 hectares*)

(Voir les *Champs d'expériences des Causses* de la page 19 à la page 23)

En 1890, la Cougourlude était semée en sainfoin ; en 1892, elle fut semée en avoine, défoncée durant l'été de cette même année avec les bêtes de trait du domaine, auxquelles étaient jointes deux paires de bœufs de louage, et plantée en 1893.

A la Cougourlude, comme au deuxième Tamaris, la mise sur fils de fer a été de courte durée : pour les mêmes motifs, elle a été supprimée en 1902, et remplacée par le même mode d'établissement en souche haute. Avec l'âge, d'ailleurs, la fougue du début est tombée ; la taille longue n'est plus apparue comme indispensable pour calmer l'excès de végétation des 1202. Il a suffi de proportionner le gobelet à la vigueur, et de multiplier les coursons, lorsque c'était nécessaire.

Ce qu'il faut plus particulièrement retenir, à la Cougourlude, c'est l'attitude des Riparia × Rupestris. Ils ont fourni les plus grosses récoltes peut-être et les plus régulières, attestant ainsi les services qu'ils peuvent rendre comme porte-greffes, même en des points où ils ne sont pas admirablement adaptés.

RÉCOLTES DE LA COUGOURLUDE

Années	1895.....	3 ½	pastières,	soit	49	hectolitres
—	1896.....	7 ½	—	—	105	—
—	1897.....	22	—	—	308	—
—	1898.....	22	—	—	308	—
—	1899.....	44	—	—	616	—
—	1900.....	22	—	—	308	—
—	1901.....	36	—	—	504	—
—	1902.....	25 ½	—	—	357	—
—	1903.....	20 ½	—	—	287	—
—	1904.....	35	—	—	490	—
—	1905.....	22	—	—	308	—
—	1906.....	28 ½	—	—	399	—
—	1907.....	35	—	—	490	—
—	1908.....	19	—	—	266	—

Terre du Saint-Médan *(Nos 98 et 118 du plan cadastral, 6 hect.)*

La terre de Saint-Médan était, en 1890, divisée en deux parties : la plus importante, environ 4 hectares avait été plantée en 1888 avec des Riparia et des Jacquez racinés, et greffée en 1889 et 1890, ici en en Petit-Bouschet, là en Aramon. On procédait aux derniers greffages en place, au moment même de l'achat. Je laissai l'opération se poursuivre.

La partie sud, appelée alors « le Grand Fresne » (voir les *Champs d'expériences des Causses*, pages 29 et 30), était occupée par une vieille vigne française qui a végété durant quelques années encore, mais qui, déprimée de plus en plus par le Phylloxera, a été arrachée en 1896, semée en vesces ; et, après deux ans de repos, plantée en 1898 et 1899.

Cette nouvelle vigne est rapidement devenue fort belle. En 1900, une plantation d'essai est venue s'y ajouter. Comme le milieu est très frais et parfois humide, il a paru intéressant de rechercher quels seraient, parmi les porte-greffes, ceux qui s'accommoderaient le mieux de cette situation.

Certains hybrides de Solonis, jusqu'alors peu connus, comme le Solonis × Cordifolia Rupestris N° 202[1], les Solonis × Rupestris du Lot de Castel, les Solonis × Riparia de Couderc, y ont été placés comparativement aux hybrides de Berlandieri, au 1202 et au Riparia × Rupestris N° 3306. D'utiles indications y ont été recueillies, notamment celle-ci qu'en milieu frais les Berlandieri × Riparia végètent normalement et vigoureusement ; et, en outre, que les hybrides de Solonis, ci-dessus mentionnés, y sont très recommandables.

L'extrémité du « Grand-Fresne » avait été réservée pour l'établissement annuel des pépinières du domaine : cette partie de la terre, particulièrement basse et humide, a été sensiblement relevée par des apports de terre au cours des étés de 1903, 1904 et 1905, d'environ 30 centimètres : sur ces apports, une nouvelle plantation a été effectuée en 1906 : Aramons greffés sur Aramon × Rupestris N° 1. Pour la distinguer du Petit champ d'expériences et l'en séparer nettement à l'œil, il a été planté une rangée de Carignans greffés sur Solonis × Rupestris du Lot 227-1 et 228-1. En même temps, un drain de 0,10 était placé sous cette rangée, à une profondeur de 60 centimètres environ, de façon à faciliter l'assèchement de la parcelle. Ce devait être, dans ma pensée, le point de départ d'un drainage complet de toute la terre du Saint-Médan. En fait, la moitié seulement de cette terre a été drainée jusqu'ici ; le reste le sera plus tard, suivant le même plan, si le prix des vins et la situation générale permettent cette dépense.

D'autres modifications ont été apportées au Saint-Médan depuis 1890 : une parcelle complantée en Jacquez s'est montrée si faible, si insuffisante comme production qu'elle a été arrachée en 1905. Après 2 années de repos, durant lesquelles elle a porté une avoine et une vesce, elle a été replantée en 1908 et cette année même en 1909, en Riparia × Rupestris 3306, en Berlandieri × Riparia 157-11, 34 Ecole, 420 A, etc., tous greffés d'Aramon. J'ai appliqué ici mon nouveau système de resserrement de plantation, inauguré ailleurs, et dont il sera question plus loin : l'écartement des ceps a été réduit à 1 m., 50 sur 1 m., 30. On sait que l'écartement habituellement adopté dans la région méridionale est le plus souvent 1 m., 50 ou 1 m. 60 en tous sens.

RÉCOLTES DU SAINT-MÉDAN

Années						
Années	1890......	3 1/2	pastières,	soit	49	hectolitres
—	1891......	19	—	—	266	—
—	1892......	19	—	—	266	—
—	1893......	54	—	—	756	—
—	1894......	41	—	—	574	—
—	1895......	17	—	—	238	—
—	1896......	25 1/2	—	—	357	—
—	1897......	57	—	—	798	—
—	1898......	51	—	—	714	—
—	1899......	66 1/2	—	—	931	—
—	1900......	74	—	—	1030	—
—	1901......	69	—	—	966	—
—	1902......	65	—	—	910	—
—	1903......	57	—	—	798	—
—	1904......	84	—	—	1176	—
—	1905......	52	—	—	728	—
—	1906......	59 1/2	—	—	833	—
—	1907......	67	—	—	938	—
—	1908......	42	—	—	588	—

Terre du Grand Plantié (*Trestory Nº 169 du plan cadastral, 3 hectares*)

(Voir les *Champs d'expériences des Causses* de la page 23 à la page 26)

Comme le « Grand Fresne », le Grand Plantié était, en 1890, une vieille vigne française défendue, mais mal défendue contre le phylloxera par des submersions ou des arrosages insuffisants. Après une vaine tentative de relèvement par l'emploi du sulfure de carbone appliqué au pal et à l'aide de la charrue sulfureuse, il devint évident que l'arrachage s'imposait. Il fut effectué en 1894.

Je me demandai alors s'il ne convenait pas de restituer au Grand Plantié (*Trestory*) la destination qu'il avait eue autrefois, et de le convertir en pré? Il eut suffi à la fourniture des fourrages nécessaires au domaine. Plusieurs considérations me déterminèrent à n'en rien faire. D'abord, le désir plus ferme que jamais d'exécuter mon plan primitif de création intégrale de vignoble. Et, à cet égard, les qualités de sol du « Grand Plantié » me faisaient augurer une réussite parfaite: j'y voyais pour l'avenir une des plus belles vignes et des plus productives de la propriété. J'étais, confirmé, dans cette pensée, par ce fait que toutes les terres voisines portaient alors de superbes vignes. C'était, à l'Est, les vignes déjà vieilles, mais encore luxuriantes, de mon voisin M. Gaston Bazille, greffées sur Solonis; au Sud, les vignes de mon autre voisin, M. Fournié, également sur Solonis, et en pleine prospérité. Puis, des propositions m'étaient venues tout récemment pour l'achat de prés dans le voisinage; des pourparlers s'étaient engagés; et je me disais que s'ils aboutissaient, j'y trouverais toutes les facilités d'approvisionnements en fourrages que le « Grand Plantié » était susceptible de produire. Et je me décidai pour la replantation en vigne de celui-ci. Deux ans de repos (une année d'avoine, une année de vesces) l'avaient laissé en parfait état de préparation.

De fait, la vigne nouvelle y fut superbe, et elle est demeurée telle jusqu'en 1905. A cette époque, quelques symptômes inquiétants se sont manifestés, notamment dans la partie occupée par les **1202**: des cas de court-noués ont apparu qui se sont multipliés, et auxquels il a fallu porter remède. Malheureusement, contre cette affection mal connue, les traitements les plus divers sont demeurés impuissants. Depuis 4 ans, tout a été essayé : badigeonnages des plaies de taille avec une solution tantôt de sulfate de fer, tantôt d'acide nitrique, de sulfate de manganèse, de liqueur de Galen ; application au pied des souches de fumures copieuses: fumier de ferme; engrais minéraux, etc.; de sulfate de potasse à doses variant de 100 à 500 grammes ; de plâtre à doses variant de 1 à 2 kilos ; tailles longues, etc. ; regreffage des souches avec une variété différente, par exemple le Carignan. Seuls ces deux derniers moyens ont amené quelque résultat : la taille longue amortit dans une certaine mesure la coulure constitutionnelle des ceps court-noués ; les pieds regreffés en Carignan ne sont plus court-noués ; mais ces nouvelles greffes sont encore bien jeunes ; et rien ne dit que l'affection ne reparaîtra pas. Cette année même une expérience décisive a été tentée : la taille longue en arceau a été appliquée à tous les pieds court-noués ; les plus atteints ont été regreffés avec un cépage qui paraît réfractaire à cette affection : l'Ugni blanc. Enfin, des fossés ont été creusés à l'intérieur de la terre, parallèlement aux fossés extérieurs ; et un fossé central partage presque en son milieu le carré des 1202, de manière à faciliter l'écoulement des eaux en même temps que l'assèchement et l'aération du sol.

Des observations qui demandent à être vérifiées et contrôlées m'ont amené à penser que le court-noué est dû, dans bien des cas, à un défaut d'aération du sol. Il m'a paru, à la suite des investigations répétées auxquelles je me suis livré, que sur les souches court-nouées l'extrémité végétative des radicelles était comme atrophiée : c'est donc à un quasi-arrêt, à une insuffisance dans le fonctionnement des extrémités végétatives qu'il faudrait attribuer le court-noué.

Ici, la cause initiale du mal a pu être déterminée avec certitude : le creusement de puits artésiens en amont du domaine, et l'écoulement du trop plein de ces puits dans les fossés qui viennent nécessairement aboutir aux approches du « Grand Plantié » a amené, à partir de 1905, la présence permanente d'eaux stagnantes dans les fossés qui entourent cette terre. Des infiltrations ont peu à peu pénétré tout le sous-sol, et l'on s'explique qu'un cépage doué d'un système radiculaire extrêmement puissant et profond, comme le 1202, en ait plus particulièrement souffert. Une instance judiciaire est engagée contre le propriétaire des puits artésiens.

Il n'en reste pas moins que la prospérité du Grand Plantié est atteinte dans ses œuvres vives. Désormais, la production est insuffisante pour que la vigne vaille d'être maintenue ; et je suis résolu à arracher à l'automne prochain toute la partie Sud qui comprend le carré de 1202. Je verrai plus tard pour le reste. La parcelle arrachée sera affectée à la production de l'avoine ou du fourrage, vesces, sainfoin, etc., peut-être de betteraves fourragères, etc.

L'éventualité de l'arrachage complet de la vigne du « Grand Plantié » me semble infiniment probable. J'hésiterai une fois encore à remettre cette terre en pré pour des motifs que j'esposerai tout à l'heure en parlant des prés du Moulinas et du Curé. Elle aura pour destination toute naturelle de procurer les provisions de grains (avoine, orge) ou de fourrages, nécessaires au domaine.

RÉCOLTES DU GRAND PLANTIÉ

Années	1890 (vigne française)....	19	pastières,	soit	266	hectolitres
—	1891 —	14 ½	—	—	203	—
—	1892 —	10	—	—	140	—
—	1893 —	12	—	—	168	—
—	1894 (1) —	8	—	—	112	—
—	1895 (arrachage complet : 30.000 kilogr. vesces environ).					
—	1896 (Replantation en vignes américaines).					
Années	1897 (vigne greffée).....	12	pastières,	soit	168	hectolitres
—	1898 —	26	—	—	364	—
—	1899 —	34	—	—	476	—
—	1900 —	38 ½	—	—	539	—
—	1901 —	39	—	—	546	—
—	1902 —	27	—	—	378	—
—	1903 —	33	—	—	462	—
—	1904 —	43	—	—	602	—
—	1905 —	30	—	—	420	—
—	1906 —	30	—	—	420	—
—	1907 —	33	—	—	462	—
—	1908 —	22	—	—	308	—

(1) Partie arrachée a produit 25.000 kilogr. vesces.

Terre du Petit-Fresne (*N° 94 (fêliès) du plan cadastral, 1 hectare 1/2*)

(Voir *Les Champs d'expériences des Causses*, de la page 26 à la page 29)

Le «Petit-Fresne» portait, en 1890, une vigne française encore vigoureuse dans son ensemble. Aussi fut-elle l'objet de soins spéciaux. Il s'agissait de la maintenir jusqu'au moment où les nouvelles plantations de vignes américaines donneraient des produits satisfaisants. Fumures annuelles, traitements au sulfure de carbone lui furent prodigués. Mais les uns et les autres étaient trop coûteux pour pouvoir être maintenus longtemps. En 1895, la vigne fut arrachée, mise au repos pendant deux ans (première année : avoine ; seconde année : vesces), et replantée en vignes américaines en 1897.

Cette vigne a toujours été et s'est maintenue une des plus belles du domaine ; néanmoins elle a souffert également, bien qu'à un moindre degré, des écoulements d'eau dont je viens de parler à propos du «Grand Plantié ». Les cépages à système radiculaire pénétrant dans les couches profondes, comme les 1202, et l'Aramon × Rupestris N° 1 ont été quelque peu affectés, en ce sens surtout qu'à l'excès de fraîcheur a correspondu un excès de végétation. Pour y parer et éviter la coulure, il a fallu adopter sur quelques points la taille longue; mais celle-ci n'a été envisagée que comme un moyen exceptionnel de défense contre la coulure. A ce titre, elle ne peut être et n'est, dans ma pensée, utilisée qu'accidentellement et tout à fait exceptionnellement.

Pour corriger cet excès de fraîcheur ou d'humidité, il a été procédé à un drainage complet du « Petit-Fresne » ; j'en attends les meilleurs effets.

RÉCOLTES DU PETIT-FRESNE

Années	1890 (vigne française) ..	13 1/2	pastières, soit	189	hectolitres
—	1891 — ...	9 1/2	—	—	133	—
—	1892 — ...	8	—	—	112	—
—	1893 — ...	15	—	—	210	—
—	1894 — ...	12	—	—	168	—
—	1895 (arrach en partie)...	4 1/2	—	—	63	—

Années 1896 15.000 kilogr. vesces (arrachée entièrement).
— 1897 Replantation en vignes américaines.

Années						
Années 1898	(vigne améric.) ...	4	pastières,	soit	56	hectolitres
— 1899	— ...	14 $^1/_2$	—	—	203	—
— 1900	— ...	20	—	—	280	—
— 1901	— ...	16	—	—	224	—
— 1902	— ...	15	—	—	210	—
— 1903	— ...	18 $^1/_2$	—	—	259	—
— 1904	— ...	24	—	—	336	—
— 1905	— ...	15	—	—	210	—
— 1906	— ...	21	—	—	294	—
— 1907	— ...	20	—	—	280	—
— 1908	— ...	15	—	—	210	—

Terre de La Vignette (*N° 87 (fèliès) du plan cadastral, 1/2 hectare*)

Cette petite vigne, d'une contenance d'un demi-hectare, a été plantée en 1886 avec des Jacquez et des Taylor racinés, puis greffée en place l'année suivante en Petit-Bouschet, Aramon et Carignan. Je fus sur le point de l'arracher à diverses reprises, tant elle présentait de défectuosités au moment des vendanges. Aussi, lorsque la question de la taille, dite de « Quarante », fut agitée dans le Midi et préconisée par M. Coste-Floret, n'hésitai-je pas à en faire l'essai et l'application à La Vignette, dans des conditions relatées à la page 21 et 22 des *Champs d'expériences des Causses*. Depuis lors, l'établissement sur fils de fer a été conservé, à raison des avantages qu'il présente dans cette situation toute spéciale, et la taille longue maintenue.

Mais La Vignette a subi, il y a peu d'années, une transformation radicale. Quand s'est posée la question des producteurs directs, et que, très pénétré de ce que j'avais vu ailleurs, je me suis déterminé à les expérimenter aux Causses, et à faire pour eux — encore que sur une échelle bien plus restreinte — ce que j'avais fait pour les porte-greffes. La vignette m'a semblé toute désignée pour un premier essai. En 1904, trois rangées pleines ont été surgreffées en *128*, trois autres en *156*, trois autres enfin en *209* de Seibel. Bien que pratiqué sur vieux pieds, le greffage a réussi parfaitement; et dès l'année suivante j'ai eu une récolte assez abondante pour pouvoir en vinifier à part les produits et me rendre compte de leur valeur. Depuis, j'ai poursuivi méthodiquement le surgreffage de tous les ceps autres que les Petit-Bouschet, de façon à avoir là une vigne uniquement complantée de cépages colorants, de mâturité hâtive et synchrône. J'ai entendu, ce faisant, ajouter aux facilités de la vendange, et surtout dégager de cette leçon de choses l'enseignement suivant : quel est le cépage teinturier qu'il conviendrait d'adopter au cas où apparaîtrait un jour la nécessité ou l'intérêt d'orienter vers la production des vins de couleur l'encépagement des vignes sises dans la plaine ?

RÉCOLTES DE LA VIGNETTE

Années	1890.....	1	pastières,	soit	14	hectolitres	
—	1891.....	3	—	—	42	—	
—	1892.....	3	—	—	42	—	
—	1893.....	4 1/2	—	—	63	—	
—	1894.....	6	—	—	84	—	
—	1895.....	3	—	—	42	—	
—	1896.....	3 1/2	—	—	49	—	
—	1897.....	9	—	—	126	—	(taille long.)
—	1898.....	6	—	—	84	—	
—	1899.....	6	—	—	84	—	
—	1900.....	6 1/2	—	—	91	—	
—	1901.....	7	—	—	98	—	
—	1902.....	6	—	—	84	—	
—	1903.....	7	—	—	98	—	
—	1904.....	6	—	—	84	—	
—	1905.....	5	—	—	70	—	
—	1906.....	3	—	—	42	—	
—	1907.....	5	—	—	70	—	
—	1908.....	5	—	—	70	—	

Terre du Muscadel *(N° 157 du plan cadastral, 4 hectares)*

Cette terre qui est constituée, dit-on, par des apports d'origines diverses et qui passe pour la meilleure du pays, était plantée aussi en 1890 en Riparia Gloire de Montpellier. Mais elle n'était point encore greffée : elle le fut aussitôt en Aramon, et, dès le début, une chlorose intense se manifesta. Sur quelques ceps, elle alla jusqu'au cottis. Ceux-ci furent remplacés aussitôt par des Rupestris du Lot qui jaunirent à leur tour, mais beaucoup moins que les Riparias. A dater de ce jour, et jusqu'à maintenant, tous les remplacements ont été effectués au Muscadel à l'aide de 1202 greffés en Aramon.

La grosse difficulté est venue, dans cette vigne, de la persistance des manifestations chlorotiques, et de la lutte incessante entreprise pour en triompher : le sulfate de fer mis dans le déchaux au pied de la souche à des doses allant jusqu'à 2 kilogr. par pied n'a pas suffi. Seul, le traitement Rassiguier, pratiqué tous les ans régulièrement, a amené une amélioration sensible. Avec l'âge, au surplus, ainsi qu'il en va d'ordinaire, et l'acclimatation au sol, la vigne a fini par surmonter à peu près les effets du carbonate de chaux, dont le dosage accuse 55 o/o. Il n'est pas douteux que j'aurais peut-être pris le parti d'arracher cette vigne, si, malgré ce que je viens de dire, la fructification et par suite la récolte n'avaient pas été encourageantes. Ce chiffre des récoltes est à retenir parce qu'il indique à quelle excellente terre nous avons à faire et les résultats qu'on en pourrait attendre avec des porte-greffes dont l'adaptation serait parfaite. Il est vrai que le Muscadel n'a jamais été négligé un seul instant ; il a toujours été fumé tous les deux ans au moins, et copieusement. Dois-je ajouter que les 1202 s'y comportent admirablement, sans trace aucune de chlorose ?

A en juger par les derniers rendements comme aussi par l'état général de la vigne, il semble qu'il faille s'attendre à la voir assez rapidement décliner. Il en ira ici comme dans la plupart des vignes sur Riparia qui, aux environs de la vingtième année, se tassent, donnent des signes de fatigue et des productions affaiblies. Sans doute, la question se posera bientôt pour moi du remplacement de cette vigne. Qu'y devrai-je faire ? Plus qu'aucune autre, et par sa situation particulière, et par l'excellence de son sol, elle vaut d'être reconstituée aussitôt. Je la replanterai sur un défoncement profond, en appliquant mon nouveau système de plantation serrée, en lignes dirigées du nord au sud, distantes de 1 m., 80, les pieds étant eux-mêmes distants de 1 m. dans la ligne ; — et en adoptant comme porte-greffes le 333, le 41 et le 157-11, préférables ici (et pour une plantation serrée), au 1202 dont l'excès de vigueur serait plutôt nuisible.

RÉCOLTES DU MUSCADEL

Années					
Années 1891.....	5	pastières,	soit	70	hectolitres
— 1892.....	5	—	—	70	—
— 1893.....	29	—	—	406	—
— 1894.....	47	—	—	658	—
— 1895.....	20 1/2	—	—	287	—
— 1896.....	27	—	—	378	—
— 1897.....	57	—	—	798	—
— 1898.....	62	—	—	868	—
— 1899.....	61 1/2	—	—	861	—
— 1900.....	58	—	—	812	—
— 1901.....	69	—	—	966	—
— 1902.....	42	—	—	588	—
— 1903.....	35 1/2	—	—	497	—
— 1904.....	50	—	—	700	—
— 1905.....	47	—	—	658	—
— 1906.....	44	—	—	616	—
— 1907.....	44	—	—	616	—
— 1908.....	29	—	—	406	—

Terre de Couran (*N°s 133, 134 et 135 du plan cadastral, 3 hectares*)

(Voir les *Champs d'expériences des Causses*, de la page 30 à la page 33)

La terre de Couran est constituée par un coteau dont les pentes dévalent d'un côté jusqu'aux berges du petit ruisseau de la Lironde, de l'autre côté jusqu'à la route de Lattes à Mauguio ; un petit plateau le couronne. En 1890, le plateau et le versant qui fait face au domaine même des Causses étaient plantés en vignes greffées (Aramon sur Jacquez) depuis 1885. Les pentes abruptes qui regardent le couchant étaient abandonnées et incultes ; tout le bas portait une luzerne vieillie et usée. Cette dernière partie fut défoncée à l'aide de la charrue à vapeur en même temps que les terres du Grand et du troisième

Tamaris, et plantée aussitôt en Riparias Grand-Violet et Gloire de Montpellier, qui, l'année suivante, furent greffés sur place en Aramon. Autant les ceps situés en sol caillouteux et rougeâtre se montrèrent vigoureux, autant ceux placés en sol grisâtre et calcaire furent sensibles à la chlorose. Il fallut pour ceux-ci l'intervention des mêmes moyens de lutte employés ailleurs avec succès. A l'exemple du Muscadel, tous les remplacements y furent opérés avec des 1202 greffés-soudés en Aramon, et depuis plusieurs années en Carignan, à raison du débourrement tardif de ce cépage et de la résistance qu'il présente ainsi aux gelées printanières.

La plantation, en 1893, des pentes abruptes, ainsi que la replantation en 1898 du plateau et du versant qui lui fait suite ont été relatées dans la notice *Champs d'expériences des Causses*, à laquelle il suffira de se reporter.

Deux faits sont à enregistrer ici avec quelques détails :

1° La partie la plus abrupte du coteau, défoncée en 1898 et plantée en 106-8 greffés en Cinsaut, a été reprise, remaniée, élargie, autant pour occuper le personnel pendant les mauvais jours de l'hiver que pour réserver cet emplacement à la culture d'une variété nouvelle : l'Aramon × Rupestris Ganzin N° 9, conservée franche de pied en vue de la production du bois nécessaire aux plantations des terres de coteau. A l'égal du N° 2, le N° 9 a fait preuve d'aptitudes particulières pour les sols silico-argileux relativement secs, et par-dessus tout il a témoigné d'une bonne affinité pour certains producteurs-directs, comme le 1020 et le 1077, très sujets à la thyllose. C'est pour répondre à ce double objectif que l'Aramon × Rupestris N° 9 a été placé à Couran. Nous le retrouverons ailleurs comme porte-greffe déjà fort employé. A côté des ceps francs de pied figurent quelques centaines de pieds greffés en Grenache. Il s'agit ici d'un Grenache sélectionné patiemment dans l'Aude par M. Bastardy, maire de Moux, et que j'ai voulu isoler en vue de multiplications à venir.

2° Le bas du versant qui touche la route de Lattes à Mauguio a été consacré, en 1905, à un petit champ d'études de producteurs-directs. Il compte les variétés suivantes : 134, 2044 et 2007 de Seibel greffés sur 106-8 ; 122-20 Couderc et 47 Seibel greffés sur 1202 ;

1077 et 1020 Seibel greffés sur Aramon × Rupestris N° 9 ; 294-1 Malègue et Alicante Ganzin greffés sur Aramon × Rupestris N° 9.

De même qu'à La Vignette on s'est proposé d'étudier les producteurs-directs *colorants* susceptibles de donner des résultats dans les terres de la plaine, de même à Couran on s'est proposé d'étudier les producteurs-directs *colorants*, pouvant convenir aux terres des coteaux. Je dirai tout à l'heure, à propos de la plantation de « La Garrigue », l'idée maîtresse à laquelle j'ai obéi.

RÉCOLTES DE COURAN

Années	1890.....	4 1/2	pastières,	soit	63	hectolitres
—	1891.....	5 1/2	—	—	77	—
—	1892.....	9 1/2	—	—	133	—
—	1893.....	15	—	—	210	—
—	1894.....	16 1/2	—	—	231	—
—	1895.....	11 1/2	—	—	161	—
—	1896.....	16	—	—	224	—
—	1897.....	19	—	—	266	—
—	1898.....	17	—	—	238	—
—	1899.....	20	—	—	280	—
—	1900.....	30 1/2	—	—	421	—
—	1901.....	30 1/2	—	—	421	—
—	1902.....	19	—	—	266	—
—	1903.....	17 1/2	—	—	245	—
—	1904.....	25	—	—	350	—
—	1905.....	24	—	—	336	—
—	1906.....	18 1/2	—	—	257	—
—	1907.....	28	—	—	392	—
—	1908.....	19 1/2	—	—	273	—

Terre de Causse (*N° 142 du plan cadastral, 4 hectares*)

La terre de Causse avait été plantée en Riparia, en 1888, et l'on terminait les greffages (Petit-Bouschet et Aramon), en 1890, au moment même de l'acquisition. Il n'est pas de vigne qui m'ait donné plus de déboires, ni mieux attesté l'influence du calcaire et du cépage-greffon sur la tenue des vignes américaines.

Tous les moyens mis en œuvre pour vaincre la chlorose qui y sévissait à l'état endémique demeuraient à peu près vains; et je me serais sans aucun doute résigné à l'arrachage si je n'avais tenu d'une part à conserver une des rares vignes de cépages teinturiers qui se trouvaient dans le domaine, à une époque où les vins de couleur étaient très demandés, et si je n'avais d'autre part conçu dès cet instant le dessein d'une orientation nouvelle.

C'est que le sol de Causse, quoique riche et profond, est un des plus nocifs et par l'abondance du calcaire et par la vitesse d'attaque, c'est-à-dire par l'assimilabité de celui-ci. La base du coteau est ici constituée par des marnes qui affleurent par places et qui, à l'extrémité, sous le bois, présentent cette particularité d'être mélangées à une argile compacte, se fendillant profondément sous les chaleurs de l'été. Les alluvions de la Lironde, plus calcaires, plus dangereuses que celles du Lez, ont recouvert tout le reste en proportion variable, si bien qu'elles se trouvent presque partout associées aux cailloux roulés venus des coteaux. Les cultures en sont rendues très difficiles, très délicates en ce sens que pour les pratiquer utilement il faut être aux aguets et saisir le moment opportun. Les analyses qui ont été pratiquées à Causse ont accusé des doses variant de 50 à 60 o/o de carbonate de chaux.

On comprend qu'en un tel milieu, des Riparia, greffés de Petit-Bouschet, greffon chlorosant, n'aient pu, malgré tous les soins, donner que des mécomptes. En 1902, mon parti était définitivement pris, et je décidais l'arrachage. Il y était procédé aussitôt. La reconstitution a eu lieu en 1904 et 1905 sur les bases suivantes :

A droite du chemin d'exploitation qui traverse la terre en son milieu : d'abord un petit carré de Rupestris du Lot greffé en Carignan gris; puis, par carré successifs, des 41 B; des 157-11; des 420 A; des 420 B; des 34 et des 33 École; des 41 B; des Berlandieri × Riparia Rupestris de Daignière; des Berlandieri × Rupestris 301 Millardet et 20.029 Castel; des 333, des Berlandieri purs (Berlandieri Rességuier n°s 1 et 2, Lafont et d'Angeac, environ 2000 pieds), enfin des Rupestris du Lot, le tout greffé en Aramon gris, à l'exception de quelques rangées d'Ugni blanc.

A gauche du chemin : d'abord des 1202 et des Rupestris du Lot greffés ceux-ci en Terret-Bourret, ceux-là en Aramon gris ; puis des 157-11 ; des 1202 ; des 157-11 ; un carré d'étude de producteurs directs blancs ; des 34 École ; des 157-11 ; des Rupestris du Lot ; des 1202 ; greffés ici en Aramon gris, là en Terret-Bourret, en Roussette et en Ugni blanc.

Cette plantation est la réalisation du projet caressé dès le début d'une vigne *blanche* destinée à la production de vins de choix, supérieurs aux vins ordinaires d'Aramon rouge vinifiés en blanc. Elle comporte environ deux tiers d'Aramon gris et un tiers de Terret-Bourret, Roussette et Ugni blanc.

Il y a été joint cette année même une plantation d'un millier de pieds d'hybrides divers de Berlandieri : 422 A ; 374 A ; 150-13 et 150-15 ; 19 A ; 19 B ; 18 A ; 18 B ; 41 B ; 333 ; 7.501 et 7605 greffés en Carignan blanc, Carignan gris et Ugni blanc.

J'ai voulu concentrer à Causse, en une vaste expérience comparative, les porte-greffes et plus spécialement le Berlandieri et ses hybrides, considérés comme offrant le summum de résistance à la chlorose calcaire. Et de fait, des constatations fort intéressantes, qui ne sauraient trouver place ici, ont déjà été relevées.

Le carré étude de producteurs directs *blancs* répond à la préoccupation de rechercher s'il existe, dans cette catégorie de cépages, des plantes susceptibles d'être cultivées en grande culture avec avantage dans la région méridionale. Ce petit champ d'essai comprend : un certain nombre de sujets de la collection de M. Roy-Chevrier, ensuite les nos 146-51, 343-14, 253-206, 1.101, 202-133 de Couderc, 157 de Gaillard, 120, 1028, 6518, 3540, 3543, 6011 et 5418 de Castel. Sans entrer dans le détail, je puis dire que l'intérêt présenté par la plupart de ces cépages est des plus médiocres.

Avec cette plantation de Causse, j'ai inauguré un système de plantation serrée ou relativement serrée qui constitue un fait nouveau pour la viticulture méridionale. La plantation est faite en lignes distantes de 1 m. 80, sur 1 mètre dans la ligne. On arrive ainsi à dépasser 6.000 pieds à l'hectare, au lieu des 4200 ou 4400 pieds obtenus d'ordinaire par la plantation au carré de 1 m. 50 à 1 m. 55 en tous sens.

L'avantage que je recherche ainsi est non pas certes d'accroître les rendements en fruits et par suite en vin, mais les rendements en alcool. S'il est vrai qu'ailleurs et notamment dans les régions à grands vins, le resserrement des ceps soit un des facteurs de la qualité et une cause d'élévation du titre alcoolique des vins, il n'y a pas de raison pour qu'appliquée à la région méridionale cette règle se trouve en défaut et n'aboutisse pas aux mêmes conséquences. Il semble en tous cas que l'essai valait d'être tenté. Pour le passage des attelages, et pour les labours qu'il devient possible de pratiquer plus avant dans la saison, la plantation en lignes comporte en outre des facilités appréciables.

Les premières récoltes portées par cette jeune vigne de Causse ont confirmé, semble-t-il, quelques-unes des idées et des espérances que lui ont donné naissance. La récolte de 1908, malgré la gelée du mois d'avril, a été de 294 hectolitres, d'un vin titrant 10° d'alcool. Il est permis de penser que dans 3 ou 4 ans, lorsque la fructification aura atteint son rendement normal, elle ne sera guère inférieure en moyenne à 600 hectolitres, ce qui constituerait un résultat pleinement rémunérateur.

RÉCOLTES DE CAUSSE

Vigne ancienne (2 tiers Petit-Bouschet, 1 tiers Aramon)

Années					
Années	1890 :	8	pastières	soit 112	hectolitres
—	1891 :	14 1/2	—	— 203	—
—	1892 :	16 1/2	—	— 231	—
—	1893 :	25	—	— 350	—
—	1894 :	30	—	— 420	—
—	1895 :	18 1/2	—	— 259	—
—	1896 :	22 1/2	—	— 315	—
—	1897 :	34	—	— 476	—
—	1898 :	25	—	— 350	—
—	1899 :	31 1/2	—	— 441	—
—	1900 :	45	—	— 630	—
—	1901 :	44	—	— 616	—
—	1902 :	23 1/2	—	— 329	—
—	1903 :	20 1/2	—	— 287	—
—	1904 :	(arrachée et replantée sur d'autres bases).			

Vigne nouvelle : 1906 : 3 pastières, soit 42 hectolitres
1907 : 16 — — 224 —
1908 : 21 — — 294 —

Terre de l'Aire (*Nos 140 et 141 du plan cadastral, environ 1 hectare*)

La vigne de l'Aire, plantée en Riparias et en Jacquez greffés d'Aramon, Cinsaut, Alicante-Bouschet, etc., en 1885, était plus vaste au début qu'aujourd'hui. L'ancienne aire à dépiquer (d'où son nom de vigne de l'Aire) est devenue la cour d'exploitation actuelle ; la vigne a, pour une part, fait place aux écuries et aux bâtiments récemment construits, et encore au jardin d'agrément qui accompagne le bois de chênes et relie ce dernier aux terrasses et à la maison d'habitation.

La vigne de l'aire est destinée à disparaître prochainement ; elle sera alors reconstituée en cépages blancs (Terret-Bourret ou Ugni blanc), destinés à rejoindre à la cuve les vendanges de Causse qui lui est contiguë, et à accroître la proportion de cépages fins de celle-ci. L'équilibre entre la production des Aramons gris et celle des Terret-Bourret et Ugni blanc se trouvera ainsi rétablie, pour le plus grand grand profit de la qualité du vin.

RÉCOLTES DE L'AIRE

De 2 à 5 pastières, soit de 30 à 70 hectolitres, suivant les années.

Terre du Grès (*Nos 182 et 183* (BONNETERRE), *du plan cadastral, 3 hectares*)

La vigne du Grès ne comptait à l'origine que 2 hectares, lesquels avaient été plantés en Riparias, Taylor et Jacquez en 1883, puis greffés en Aramon, Cinsaut, Aspiran. Il y a été adjoint une parcelle de 1 hectare environ (parcelle 183), à la suite d'un achat fait en 1892. Cette parcelle était complantée presque en entier de Jacquez francs de pieds, âgés d'une dizaine d'années; qui furent aussitôt greffés en Carignan. Les remplacements ont été faits, depuis lors, avec des Grand Noir, des Cinsaut, des Carignan, greffés sur Rupestris du Lot ou sur 106-8.

L'encépagement de la vigne du Grès est donc relativement fin: aussi les produits en sont-ils excellents. Ce sont, sans conteste, les meilleurs vins du domaine: ils ont de la finesse, du degré et du corps.

Il convient d'ajouter que le terrain silico-argileux où la silice domine, contribue puissamment à ce résultat.

Il faut prévoir qu'avant longtemps cette vigne, déjà vieille de près 25 ans, devra être remplacée. Mon intention bien arrêtée serait d'en faire, à ce moment, avec des hybrides de Cordifolia et de Berlandieri comme porte-greffes, une vigne de Cinsaut et de Grenache, mais où le Cinsaut occuperait la plus large place, de manière à viser la qualité dans l'obtention soit de vins rosés soit de vins rouges suivant les nécessités du jour et les demandes du Commerce. J'y adopterais le mode de plantation en lignes à faible espacement, déjà en vigueur à Causse et à la Garrigue.

RÉCOLTES DU GRÈS

Années	1890......	14	pastières,	soit	196	hectolitres
—	1891......	13	—	—	182	—
—	1892......	28 ½	—	—	399	—
—	1893......	21	—	—	294	—
—	1894......	17	—	—	238	—
—	1895......	14 ½	—	—	203	—
—	1896......	25	—	—	350	—
—	1897......	26	—	—	357	—
—	1898......	17	—	—	238	—
—	1899......	18 ½	—	—	259	—
—	1900......	29	—	—	406	—
—	1901......	28 ½	—	—	399	—
—	1902......	17	—	—	238	—
—	1903......	20	—	—	280	—
—	1904......	23	—	—	322	—
—	1905......	18 ½	—	—	259	—
—	1906......	15	—	—	210	—
—	1907......	20	—	—	280	—
—	1908......	16 ½	—	—	231	—

Terre de la Garrigue (*N° 209 du plan cadastral, 7 hectares et demi*)

La plantation de la Garrigue a eu lieu en 1885 : Riparia, Taylor, Jacquez en mélange, greffés d'Aramon, à l'exception d'un hectare de Petit-Bouschet sur Jacquez. La végétation et la fructification de cette vigne ont toujours laissé à désirer. C'est que le défoncement avait été pratiqué seulement à 35 centimètres de profondeur, insuffisante pour un sol de coteau ; d'autre part la vigne avait été, dès son jeune âge, mal soignée, mal entretenue : par exemple, les racines françaises qui s'étaient développées au niveau du point de soudure ou au-dessus n'avaient jamais été coupées ; il fallut procéder incontinent à cette ablation, et prodiguer de copieuses fumures pour obvier aux inconvénients que cette opération pouvait entraîner. De nombreux Jacquez existaient franc de pied, dont le greffage n'avait pas réussi la première année. Ils furent regreffés en Carignan.

Malgré tout, et hormis le carré de Petit-Bouschet greffé sur Jacquez qui n'a cessé d'être très beau (démonstration manifeste de l'influence de l'affinité, et de l'excellente affinité du Petit-Bouschet pour le Jacquez en sol argilo-siliceux) l'ensemble de la vigne est demeuré peu satisfaisant, et les rendements insuffisamment rémunérateurs. Aussi n'ai-je point perdu de vue un seul jour la nécessité d'une réfection totale ou partielle de cette vigne. Seulement, j'ai longtemps hésité sur l'orientation à suivre.

Pour les porte-greffes, aucun souci ; mais pour l'encépagement, que faire ?

De longue date j'ai été persuadé que la viticulture méridionale avait fait fausse route en poussant à la culture presque exclusive de l'Aramon, et surtout en lui donnant sur nos coteaux une place prépondérante. Il en devait fatalement résulter une uniformité dans la production, fâcheuse à tous les points de vue, et aussi, à un moment donné, une concurrence entre les produits de la plaine et ceux du coteau, concurrence où les seconds devaient immanquablement avoir le dessous. Sur les coteaux, il n'y a, pour moi, que deux solutions possibles : ou rechercher la qualité par le choix habilement pratiqué des cépages fins du pays : Grenache,

Terret noir, Aspiran, Morrastel, Œillade, Cinsaut, Carignan, ou essayer de produire des vins de coupage, à l'imitation des Corbières ou du Roussillon.

La première solution est la plus facile à réaliser et la plus séduisante. Je ne m'y suis pas arrêté, et voici pourquoi : C'est qu'aux Causses, les cépages de couleur manquent totalement. Toute la production de la plaine est orientée vers la vinification en blanc ; mais vienne à changer le goût du consommateur et la demande du commerce, quel parti profitable tirer de ces grosses productions de la plaine, si l'on était contraint à les vinifier en rouge ? Il importerait peu alors d'avoir en cave quelques foudres de vins de choix provenant de coteaux rationnellement plantés et cultivés ; l'ensemble de la cave n'en resterait pas moins défectueux et d'une vente difficile.

La recherche des vins de coupage, si elle était possible, présentait cet avantage d'aboutir à un meilleur équilibre, pour ma cave des Causses, de la production de la plaine et de celle des coteaux. A supposer que l'éventualité ci-dessus vint par aventure à se réaliser, les vins de coupage des coteaux interviendraient alors pour constituer, avec les petits vins de la plaine (*vinifiés en rosé*, de manière à leur conserver leur maximum de fraîcheur, de fruité et de finesse), un ensemble très défendable.

Le difficile était d'arriver, avec les cépages indigènes, à obtenir ces vins de coupage : l'Alicante-Bouschet ? Mais on connaît sa délicatesse et les dégénérescences auxquelles il est sujet. Le Morrastel-Bouschet ? Le Grand noir de la Calmette ? mais ce sont là des colorants insuffisants, au vin plat et sans caractère. Et c'est ainsi qu'est née la pensée d'utiliser aux Causses les Producteurs directs à haute intensité colorante dont, au cours de mes excursions à travers le vignoble français, j'avais vu sur plus d'un point, quelques intéressants spécimens.

Ces cépages offraient un autre avantage : leur résistance indéniable aux maladies cryptogamiques permet de réduire les traitements et de réaliser, de ce chef, une économie qui, dans les conditions d'exploitation des coteaux, n'est pas négligeable.

Je me suis donc arrêté, en dernière analyse, à aborder la replantation de « la Garrigue » à l'aide de certains producteurs directs, envisagés uniquement comme cépages-greffons.

C'est la voie que j'indiquais aux viticulteurs méridionaux en 1906 dans ma conférence de Béziers sur «la situation présente et l'avenir de la viticulture méridionale», parceque j'étais très pénétré de ce qu'elle peut contenir de juste et de fondé. Cette année là même, l'arrachage et la replantation de la Garrigue étaient commencés sur 1 hectare, et poursuivis en 1908 sur 3 hectares après un soigneux défoncement à l'aide de la charrue à vapeur à 70 centimètres de profondeur.

Les premières plantations ont été effectuées avec des plants tout greffés en pépinière : 128 Seibel sur 1202 ; 156 Seibel sur 106⁸ ; 209 Seibel sur 106⁸ ; 2007 sur 106-8 et sur Aramon Rupestris n° 9 ; 7103 Couderc et 294-1 Malègue sur 106⁸ ; 1077 Seibel sur 41 B ; 333, et Aramon Rupestris n° 9 ; 29 et 1020 Seibel sur Aramon-Rupestris n° 9. Les plantations plus récentes ont été faites partie avec des plants tout greffés : 1020, 1077 et 29 Seibel sur Aramon-Rupestris n° 9 ; 156 et 128 Seibel sur Aramon-Rupestris n° 9, 157-11, 1202 et 106-8 ; partie avec de simples racinés : 3309, Rupestris du Lot, 106-8, 125-1 et 125-2, enfin 420 A. Ces racinés vont être greffés au printemps de 1909 en 128, en 209 et en 60 de Seibel.

La série des porte-greffes employés répond à la double préoccupation de résistance à la sécheresse et de bonne affinité avec leurs cépages greffons. La série des producteurs directs adoptés répond à ce double objectif : avoir des cépages à feuillage suffisamment résistant, à fruits sains, susceptibles de produire des vins d'une haute intensité colorante, à couleur d'un rouge vif et fixe, à goût franc, à degré alcoolique relativement élevé. Si j'en juge par les constatations que j'ai faites depuis 7 à 8 ans sur divers points du vignoble français comme par les communications qui me sont venues d'Algérie depuis 5 à 6 ans, où des cultures de producteurs directs portant sur 150 hectares ont donné des résultats réellement surprenants, j'ai lieu de penser que cette plantation de « La Garrigue » produira, d'ici peu, une moyenne de 50 hectolitres à l'hectare d'un vin titrant environ 11° d'alcool et possédant 25 à 30 couleurs d'Aramon.

Si ces prévisions étaient déçues sur quelque point, il me resterait la ressource de reprendre cette œuvre, de la réformer au moyen d'un surgreffage général qui modifierait radicalement l'encépagement.

Mon intention au surplus n'est pas d'étendre à toute « La Garrigue » la culture des « Producteurs directs ». Peut-être la continuerai-je plus tard sur la parcelle occupée par les Petit-Bouchets, quand sonnera l'heure de leur remplacement. Mais j'ai d'autres vues sur ce qui reste de la vieille vigne : celle-ci va être arrachée au lendemain des prochaines vendanges, puis semée en avoine. Après un repos de 2 ans, et sur un charruage profond à la vapeur, je la destine à porter une vigne de « Grenache » ; c'est en prévision de cette éventualité que je me suis procuré la sélection des Grenache plantés à Couran. J'aurai ainsi à « La Garrigue » une vigne composée de 4 hectares de Producteurs directs et de 4 hectares de Grenache, ces derniers devant apporter à ceux-là leur vinosité, leur mâche, leur nerf, leur haute teneur en alcool ; — l'ensemble devant réaliser en fin de compte ce « *Vin de coupage* » en vue duquel la reconstitution aura été conçue et parachevée.

RÉCOLTES DE LA GARRIGUE

Années	1890.....	27 1/2	pastières,	soit 385	hectolitres
—	1891.....	30	—	— 420	—
—	1892.....	39	—	— 546	—
—	1893.....	42	—	— 588	—
—	1894.....	45	—	— 630	—
—	1895.....	32	—	— 448	—
—	1896.....	45	—	— 630	—
—	1897.....	43 1/2	—	— 609	—
—	1898.....	26	—	— 364	—
—	1899.....	26	—	— 364	—
—	1900.....	60	—	— 840	—
—	1901.....	64	—	— 896	—
—	1902.....	36	—	— 504	—
—	1903.....	30	—	— 420	—
—	1904.....	46 1/2	—	— 651	—
—	1905.....	42 1/2	—	— 595	—
—	1906.....	31	—	— 434	—
—	1907.....	40	—	— 560	—
—	1908.....	17 1/2	—	— 245	—

Le Moulinas et le Pré du Curé (Le Bosquet, *N° 109 du plan cadastral, 1 hectare 70;* Les Courrèges, *N°s 70 et 72 du plan cadastral, 1 hectare 15*).

Ces deux terres sont des prairies naturelles, jouissant du bénéfice des arrosages par les eaux du Lez. Elles ont été achetées en 1876 (1) au même propriétaire qui ne voulait pas se dessaisir de l'une sans l'autre. La première (le Moulinas) passe pour le meilleur pré, et le plus élevé, de Lattes. Il est situé dans le voisinage du Muscadel et d'une exploitation très facile pour le personnel du domaine des Causses. Le « Pré du Curé » est plus éloigné et hors de portée ; aussi n'a-t-il été acquis que parce qu'il était une condition *sine qua non* de la vente du Moulinas, et lié à celui-ci.

La pensée qui a déterminé cet achat est le souci d'apporter au domaine la provision de fourrages nécessaire à l'alimentation des bêtes de trait. Et c'est parce que cet achat coïncidait avec l'arrachage de la vieille vigne française du « Grand Plantié », et qu'au lieu de remettre celui-ci en prairie, on s'est décidé à le replanter en vignes américaines dans les conditions relatées ci-dessus. Le Moulinas, avec ses 3 coupes régulières, devait, en effet, suffire et au delà aux besoins du domaine.

De fait, le Moulinas a été, pendant quatre ans, exploité directement par le personnel des Causses ; et, durant cette période, fumé régulièrement tous les ans, soit avec du superphosphate 18/20 seul, à la dose de 500 kilogr. par hectare, soit avec du superphosphate associé tantôt à du sang desséché, tantôt à des tourteaux de sésame sulfurés, tantôt à du fumier de ferme, auxquels étaient joints 200 kilos de sulfate de potasse. On espérait, par là, améliorer sensiblement la qualité des fourrages, y favoriser le développement des graminées et de quelques légumineuses.

C'est que, dès le premier jour, on s'était aperçu que les animaux

(1) Cette année-là même on procédait à la replantation de la terre du « Grand Plantié ».

de trait acceptaient avec quelque difficulté le nouveau fourrage. Auparavant, la base de l'alimentation était la luzerne ; la substitution des foins de Lattes à celle-ci ne s'opérait pas sans peine, encore qu'elle fut faite avec mesure et par degrés. Bientôt, il devint évident qu'il serait impossible d'arriver à une substitution complète, et que le foin provenant du Moulinas ne pourrait jamais entrer que pour partie dans la ration quotidienne. Ainsi le but visé échappait et n'était que très imparfaitement atteint. Sans doute, les fumures et spécialement l'application du superphosphate, amenèrent bien une amélioration dans la composition des herbages ; mais cette amélioration ne fut point assez nette, assez profonde pour triompher des répugnances du bétail. De leur côté, les charretiers, appuyés par le vétérinaire, n'avaient pas manqué de se plaindre que les animaux dépérissaient ; si bien que, contre mon gré, il fallut renoncer à l'expérience et se résigner à affermer le Moulinas.

C'est une règle commune à tous les prés de Lattes, qu'ils sont tous affermés à des vachers de Montpellier ou des environs. Les vaches s'accommodent parfaitement de ce fourrage soit à l'état frais, soit à l'état sec, sans s'arrêter à ses imperfections ou à ses défauts. On comprend, d'ailleurs, qu'aux portes d'une ville de 80.000 âmes, il soit aisé d'affermer des prairies qui sont les seules de tout le pays, et prêtent à Lattes une physionomie si particulière au milieu de notre paysage méridional.

Le Moulinas a donc été affermé depuis lors aux conditions communément adoptées. Quant au Pré du Curé, il n'a pas cessé un seul jour d'être affermé d'une façon analogue : le premier est affermé au prix de 540 francs par an, et le second au prix de 300 francs, en tout 840 fr.

Une leçon se dégage pourtant de cette tentative, qu'il importe de souligner : c'est qu'il serait plus malaisé qu'on l'imagine de transformer nos plaines de Lattes en prairies naturelles ou artificielles ; pour les premières, une objection capitale se dresse, à savoir que le nombre est extrêmement limité des terres ayant droit aux arrosages d'été, sans lesquels il n'est pas de prairie naturelle possible. Pour les secondes, il est acquis dans le pays que la luzerne n'y a qu'une existence éphémère. Restent les vesces, le sainfoin, le trèfle, fourrages passagers devant nécessairement alterner avec des céréales.

J'ai vécu la période phylloxérique ; et il me souvient des prix pratiqués sur les luzernes, les blés, les avoines, les orges, alors que toute la région en était productrice ! Chaque domaine ne pourrait-il du moins produire les grains et les fourrages nécessaires à ses besoins divers? Je n'y contredis certes pas. J'exposerai plus loin, sous l'empire de quelles considérations on ne s'était pas jusqu'ici préoccupé aux Causses de s'orienter dans cette voie.

II

EXPLOITATION. — MÉTHODES CULTURALES

Quand on examine de haut et dans son ensemble la situation générale du domaine des Causses, on est frappé de deux faits : le premier, de l'opposition très nette qui différencie les terres des coteaux de celles de la plaine ; le second, de l'utilisation complète de toutes les parcelles sans exception, toutes étant appelées à la fois, dans un effort constant et commun à concourir au même but : la productivité de toute l'étendue du domaine.

Il résulte de la première constatation que les pratiques culturales doivent varier d'un point à un autre, selon qu'il s'agira du coteau ou de la plaine. Il tombe sous le sens, en effet, que ce qui peut être bon ici peut être détestable là, puisque les conditions de milieu sont essentiellement différentes : cultures, labours, mode d'établissement de la vigne, taille, soins culturaux, fumures, doivent procéder de conceptions différentes, obéir à des mobiles directeurs tout autres.

Ainsi, et pour ne citer qu'un exemple, ne serait-il pas déraisonnable de faire, sur les coteaux, de la culture intensive?

Celle-ci n'est-elle pas, au contraire, toute indiquée dans les sols riches de la plaine?

Aussi, est-ce la première résolution à laquelle il se faille arrêter ; limiter au strict nécessaire les dépenses des coteaux ; concentrer toutes les énergies, toutes les ressources sur la plaine ; parce que c'est elle, en réalité, qui constitue la base la plus sûre, la moins aléatoire ; et que d'elle doit dépendre la prospérité du domaine.

De cette vérité initiale vont découler tous les principes, toutes les règles culturales de l'exploitation.

Voyons d'abord les labours. Ils sont pratiqués le plus tôt possible, immédiatement après la taille, et multipliés durant tout l'hiver et le printemps jusqu'au jour où les attelages ne peuvent plus matériellement, et sous peine de graves dégâts, pénétrer dans les vignes. *Pour les coteaux* on utilise l'*araire*, ce vieil *aratrum romanum* demeuré depuis de longs siècles implanté dans notre région latine, instrument solide dont le soc pénètre facilement dans le sol au travers des cailloux roulés. Seuls, les derniers labours de fin mai et commencement juin sont donnés avec le *bissoc* qui pénètre moins profondément, mais réalise un travail beaucoup plus rapide. Enfin, et s'il survient des pluies tardives, on passe la *houe Pilter*, qui émiette la surface, et empêche la prise en croûte.

C'est cette *houe Pilter* qui est l'instrument préféré pour les terres de plaine ; quelques-unes comme le Grand Plantié, le Petit Fresne, le Saint-Médan, la Cougourlude sont même exclusivement cultivées à la houe, depuis que les expériences de l'École de Montpellier, suivies attentivement par moi depuis l'origine, ont démontré l'intérêt des cultures superficielles. Dans les terres particulièrement fraîches, loin d'atteindre les radicelles dont la tendance naturelle doit être de se rapprocher des couches superficielles, il faut favoriser cette tendance ; et la culture superficielle ou semi-superficielle obtenue avec la houe réalise ce résultat.

D'autres, comme le Grand Tamaris, le deuxième Tamaris, le Muscadel, sont labourées avec la *charrue vigneronne* jusqu'en avril, et à partir de cette époque, cultivées seulement à la houe.

Règle générale, tous les labours, toutes les cultures sont suspendus dans la plaine lorsqu'arrive la période critique des gelées de printemps. Auparavant, on a eu soin de donner à toutes les terres labourées une culture à la houe, de façon à laisser la surface du sol égalisée, nivelée le mieux possible. Durant près de 4 semaines, les attelages demeurent obstinément appliqués à labourer dans tous les sens, et sans arrêt, les terres de coteaux. Vers le 15 mai, les travaux reprennent dans la plaine avec une activité que facilite l'emploi désormais exclusif de la houe : une semaine suffit aux 7 bêtes du domaine pour passer en revue toute la plaine; et c'est, si rien d'anormal ne survient, la possibilité de donner coup sur coup 4 cultures successives à la houe, avant la cessation des labours.

La multiplicité des cultures à l'aide des instruments attelés est un des principes dominants du mode d'exploitation aux Causses. Je n'attache pas moins d'importance aux cultures pratiquées à main d'homme. Celles-ci comportent essentiellement le déchaussage, le buttage et le raclage.

Le déchaussage pratiqué tous les ans à toutes les souches du domaine, soit en vue des fumures, soit en vue de travailler complètement le pied et de procéder à l'ablation des racines françaises qui auraient pu, d'aventure, naître aux environs du point de soudure, — le déchaussage n'appelle aucune réflexion particulière.

Le buttage, au contraire, mérite d'être souligné à raison de l'importance que j'y attache : je considère qu'avec les vignes greffées il y a toujours intérêt à protéger dans une certaine mesure le bourrelet consécutif au greffage et les tissus cicatriciels qui le constituent. Pour les jeunes plantations, c'est une pratique que je pousse presque jusqu'à l'exagération; je l'exige également, bien qu'à un moindre degré, avec les vignes d'un certain âge; et toutes les cultures, en dehors bien entendu du déchaussage, sont faites en ramenant la terre avec l'outil contre le pied du cep. Je me suis toujours admirablement trouvé de cette pratique; et je lui attribue les faibles dommages causés aux Causses par le *folletage;* tandis que cette affection sévit parfois autour de moi avec une intensité inquiétante, elle n'a jamais, aux Causses, dans les années les plus désastreuses, dépassé un demi pour cent.

Le raclage ou binage est appliqué, durant l'été, une fois au moins à toutes les terres du domaine; quelques-unes, plus sujettes à l'envahissement des herbes, sont raclées 2 et 3 fois, comme la Vignette, le Grand Plantié, etc.

Un autre principe, dont je ne m'écarte guère, à moins que les circonstances atmosphériques ne s'y opposent, est d'entreprendre les grands travaux d'hiver à une date la plus rapprochée possible des vendanges, et de les poursuivre alors sans interruption, en coup de feu, en y accumulant toutes les ressources, en y concentrant tout le personnel et tous les efforts, de manière à les avoir terminés ou à peu près aux abords de la Noël.

Il est d'observation courante dans le Midi que l'automne y est la saison la plus belle, la plus favorable aux travaux agricoles ; les froids n'y sévissent point encore. Il en faut profiter pour activer les tailles et les fumures. Jamais l'activité n'est plus grande aux Causses que durant les mois de novembre et de décembre ; le personnel est, à ce moment, considérablement accru ; on poursuit à la fois la taille de la vigne, l'enlèvement des sarments, le déchaussage, la fumure, les premiers labours.

La nécessité d'appliquer à certaines vignes le traitement Rassiguier (badigeonnage au sulfate de fer), permet de commencer la taille à une date coïncidant avec les premières gelées blanches et la première chute des feuilles, soit vers le 20 octobre généralement.

Auparavant, et dès le lendemain des vendanges, le personnel des journaliers agricoles a été occupé à rechercher et à extirper le chiendent, à arracher les souches mortes ou condamnées à l'arrachage et à ménager des trous pour la plantation de ces manquants. Ces trous ont d'ordinaire 60 à 80 centimètres de diamètre et autant de profondeur.

La taille est toujours pratiquée en deux fois, en vue des gelées de printemps, — hormis dans les vignes de coteau où elle est, dès l'abord, définitive. La taille adoptée est la taille courte à gobelet. Le nombre de coursons varie suivant la force du cep et son âge : 4, 5 à 6 coursons sur les coteaux ; 6, 7, 8 et même 9 coursons dans la plaine. Chaque courson est taillé à deux yeux francs et le faux œil ou *bourrillon*. Parfois, dans certaines vignes de la plaine, il est laissé sur chaque souche bien vigoureuse un courson à 3 yeux francs, — sorte de secours contre les risques des gelées printanières.

Ces gelées constituent le grand écueil, le danger habituel qu'ont à redouter ces vignes situées en plaine basse, à peine élevées de quelques mètres au-dessus du niveau de la mer. Pour s'en prémunir, toutes les terres sont, dès le début d'avril, entourées de foyers destinés à fournir les fumées et nuages artificiels ; toutes les cultures, ainsi que je l'ai dit, sont suspendues de manière à ce que la surface du sol soit aussi sèche que possible ; enfin, la taille et l'établissement du cep sont conçus ainsi qu'il suit : les coursons sont laissés longs ou mi-longs, à 5 ou 6 yeux au moins, et ils ne sont rabattus à 2 yeux que lorsque les yeux du sommet, sous l'effort de la sève ascendante, ont atteint la grosseur d'un petit pois. On rabat alors le courson, et le refoulement de sève produit par le coup de ciseau suffit à retarder d'une huitaine de jours le départ de la végétation dans les yeux de la base. Quant à l'établissement du cep, il est basé sur l'élévation du tronc de la souche à 30 centimètres environ au-dessus du niveau du sol. On y parvient facilement au bout de quelques années de tailles successives pratiquées en vue de cet objectif essentiel. « *Montez et serrez* », telle est la recommandation qui est faite sans cesse aux ouvriers chargés de la taille. *Le resserrement du gobelet* a pour but, à mes yeux, de permettre à la souche de se défendre plus aisément contre les coups de vent violents qui, à certaines périodes, désolent notre région méditerranéenne et y causent aux vignobles de si sérieux dégâts. Resserrés, appuyés les uns aux autres, les pampres se défendent mieux contre les vents par le soutien mutuel qu'ils se prêtent. Le resserrement du gobelet sur un corps de souche tout porté en hauteur m'a fait donner à la taille usitée aux Causses la dénomination de « taille en tulipe », caractéristique de la physionomie des ceps, telle qu'on s'efforce de la réaliser.

L'établissement des vignes en souches hautes n'a pas seulement en vue la défense contre les gelées, elle tend également à soustraire les fruits aux ravages de la pourriture, l'air circule en effet librement à travers le feuillage, sous ces raisins dont aucun ne touche la terre. A cet égard, d'ailleurs, une autre précaution est prise : vers le 15 août, des fourchines de roseaux sont placées sous les pampres qui pliant sous le poids des fruits, laisseraient ces derniers traîner sur le sol.

La combinaison des divers moyens employés contre les gelées peut quelquefois demeurer vaine et sans effets, comme par exemple en 1908 où, par suite d'une saute brusque de vent, les nuages artificiels ne furent d'aucun secours, et où le vignoble eut cruellement à souffrir. Mais généralement, elle est efficace : je n'en veux pour preuve que l'exemple type de l'année 1903 où, au milieu du désastre général qui frappa tout le vignoble méridional, seules, au milieu de la plaine de Lattes anéantie par la gelée, les vignes du domaine des Causses demeurèrent presque indemnes, et produisirent une récolte à peu de chose près entière, la plus rémunératrice que j'aie enregistrée à raison des hauts cours pratiqués (24 fr. 50).

Des autres pratiques culturales usitées aux Causses, j'entends citer seulement celles qui sont plus spéciales à ce domaine. Tel *le pincement*, inconnu pour ainsi dire dans notre région méridionale. Il est pratiqué aux Causses tous les ans, dans les jours qui précèdent immédiatement la floraison, afin de favoriser celle-ci, de contrarier la coulure, sur toutes les vignes à végétation exubérante, en fait sur presque toutes les vignes de la plaine.

Le remplacement des manquants dans les vignes est l'objet d'une attention toute particulière. C'est par la régularité des plantations qu'on obtient les grosses productions. C'est aussi en n'admettant pas, dans le vignoble, de non-valeurs proprement dites. A cet effet, on poursuit obstinément *la sélection des ceps*, et parallèlement *la sélection des greffons* : la sélection des ceps, en marquant de façon très visible avec de la couleur bleue ou rouge, au cours des binages d'été, les souches malingres, rachitiques ou peu chargées de fruits. Ces souches sont ensuite arrachées à l'automne et immédiatement remplacées.

Le remplacement des manquants est effectué, toujours de bonne heure, et au plus tard avant la Noël, avec des plants greffés-soudés prélevés dans la pépinière du domaine.

Chaque année il est constitué, avec les boutures provenant des pieds-mères sélectionnés et cultivés aux Causses, une pépinière dont l'importance varie selon les circonstances, les prévisions ou les besoins. Cette pépinière est *greffée en place*, l'année suivante, avec les variétés nécessaires aux divers remplacements, ou aux plantations projetées. Dès lors, plus d'erreur possible, au moment de la plantation, ni sur l'authenticité du porte-greffe, ni sur la nature du greffon, ni sur la vigueur du jeune plant greffé-soudé, ni sur le parfait état des tissus de soudure, des racines, etc., etc.

En matière de vignes américaines, il n'est pas, à mon sens, de facteur plus important que *cette sélection rigoureuse* et successive du porte-greffe, du greffon, enfin du plant greffé-soudé provenant de l'alliance intime de l'un et de l'autre. Cette sélection est une condition indispensable de fécondité durable et de longévité.

Il est une autre condition non moins nécessaire à la fécondité des vignes américaines : *les fumures*. Elles ont été et elles demeurent le pivot de mes méthodes culturales. Seulement, avec la prolongation et l'intensité de la crise viticole, j'en suis devenu plus ménager. On trouvera dans « les champs d'expériences des Causses », pages 34 et suivantes, des indications sur les fumures appliquées aux Causses et les expérimentations auxquelles elles ont donné lieu. A ces indications, il me suffira d'ajouter que, depuis 1900, j'ai enrichi le domaine d'une nouvelle source d'engrais : les composts de marcs traités suivant la formule de M. Roos. L'année même où cette formule a été publiée pour la première fois, elle a été appliquée aux Causses, et avec un succès qui ne s'est jamais démenti. Ces fumiers de marcs, successivement incorporés à toutes les terres du domaine, ont amené partout d'excellents résultats. Ils se sont montrés d'une efficacité, d'une activité surprenante, si bien que je m'empresse d'acheter des marcs dans le pays toutes les fois que j'en trouve l'occasion, et de les joindre aux miens pour accroître les quantités d'engrais disponibles. Je peux évaluer à 100.000 kilos en moyenne les quantités de marcs fournies par le domaine, ce qui permet de fumer, avec cet engrais, 20 à 25.000 souches.

La règle est de fumer les vignes tous les deux ans, par parties à peu près égales. Néanmoins, j'ai trouvé sage, en présence de la situation actuelle, de ne plus fumer les vignes des coteaux que tous les trois ans. En dehors des fumiers de marcs et des fumiers d'écurie, produits par le domaine même, il est acheté, suivant les cas : tantôt des croûtes de bergerie, tantôt des engrais organiques (frisons de corne, chrysalides de vers à soie, chiquettes de lapins, duvets de soie purs, etc.) auxquels sont toujours joints des superphosphates et du sulfate de potasse. La formule d'engrais qui a mes préférences est composé de : 150 à 200 grammes frisons de cornes 15/16 ; 120 à 150 grammes superphosphate minéral 18/20 ; 60 grammes sulfate de potasse. Je persiste à considérer l'apport de superphosphate comme un élément décisif et de tout premier ordre pour les terres de Lattes.

Le nitrate de soude n'y est qu'assez rarement employé, et toujours d'une façon limitée, parce que ses effets sont trop peu durables ; et qu'au surplus la végétation, si elle doit être soutenue, n'a nullement besoin, aux Causses, d'être surexcitée. Elle demanderait bien plutôt à être tempérée.

Les recherches phylloxériques que j'ai poursuivies aux Causses ont été signalées dans plusieurs de mes publications (1). On me pardonnera de les rappeler ici ; mais elles touchent de si près à mes essais de fumures diverses et à l'ensemble de mes travaux, comme de mes méthodes culturales, que je ne puis les passer sous silence. Elles m'ont permis de préciser, d'établir la *résistance pratique* des vignes américaines, de déterminer la portée culturale de cette résistance, d'en mesurer l'étendue et de faire admettre toute une catégorie de porte-greffes dont l'expérience a, depuis lors, démontré les réels mérites. S'il est vrai que quelques-uns de ces porte-greffes aient pu rendre des services à la viticulture et aient été pour celle-ci une heureuse acquisition, ils le doivent pour une part aux essais entrepris aux Causses, au retentissement qui leur a été donné, à l'affirmation que j'ai pu faire de leur *résistance pratique* à l'insecte aussi bien que de leurs facultés d'adaptation et d'affinité.

Expériences sur la résistance *pratique* des vignes américaines, expériences sur l'adaptation, expériences sur l'affinité, sur la résistance à la sécheresse, à l'humidité, sur les porte-greffes, sur les producteurs directs ; expériences sur les tailles longues et les tailles courtes, expériences sur les fumures, ont été tour à tour instituées aux Causses et poursuivies comparativement durant une dizaine d'années : d'aucunes sont encore en cours.

Expériences aussi sur le traitement des maladies cryptogamiques et la lutte contre les insectes.

Des maladies, deux sont plus particulièrement à redouter, — l'oïdium, le mildew, — à raison d'une part des conditions climatériques, du voisinage de la mer et des étangs, et des brouillards fréquents qui envahissent tout le littoral ; d'autre part de l'activité d'une végétation parfois débordante, qui se poursuit sans interruption durant toute la période estivale.

---

(1) Voir *les Champs d'expériences*, pages 34 et suivantes, et *Etudes pratiques sur la reconstitution du vignoble*, pages 67 et suivantes, etc., etc.

J'ai employé comparativement, dans la défense contre le mildew, les verdets, la bouillie bordelaise, la bouillie bourguignonne, la bouillie sucrée Michel Perret, etc., jusqu'au jour où est apparue la possibilité de traiter à la fois, par un seul et même traitement, à l'aide des bouillies sulfo-cupriques ou des polysulfures, le mildew et l'oïdium. J'ai rendu compte (1) en détail des essais faits avec la bouillie à base de soufre mouillable et des résultats concluants que j'en ai obtenus. Depuis lors, la bouillie au soufre, définitivement adoptée, est devenue la base de mes traitements. En voici la technique.

Il n'est jamais fait, aux Causses, moins de quatre traitements, le plus souvent cinq, quelquefois six sur certaines parcelles, en cas d'invasion tardive. Le premier traitement est pratiqué quand les pousses de la vigne ont de 20 à 25 centimètres, le second est appliqué *immédiatement avant* la floraison, le troisième *immédiatement après* la floraison ; c'est ce que j'ai appelé *les traitements jumeaux de la floraison*. Le quatrième vers le 15 juillet, et le cinquième vers le 8 ou 10 août. J'attache le plus grand intérêt à ce traitement d'août, parce que nous avons toujours, dans le Midi, de fortes invasions de mildew, vers le milieu du mois d'août, — invasions tardives provoquées par les humidités habituelles de cette période où règnent les vents gras du large. Parfois, comme en 1908 par exemple, les pluies de l'été obligent à rapprocher le quatrième traitement du troisième ; le cinquième, avancé à son tour, serait insuffisant pour parer aux dangers des invasions tardives, et dans ce cas un sixième traitement devient nécessaire. Mais cela est rare ; et le plus souvent, cinq traitements permettent de défendre efficacement le vignoble.

Les trois premiers sont pratiqués avec la bouillie soufrée : 1200 grammes de sulfate de cuivre et 2 kil. 500 de soufre mouillable par hectolitre d'eau ; le quatrième et le cinquième avec une bouillie à la sapotérébenthine, d'une adhérence très remarquable : 1200 grammes de sulfate de cuivre et 500 grammes de sapotérébenthine par hectolitre

(1) Voir ci-joint, *La Revue horticole et viticole du Beaujolais*, de M. le professeur Perraud.

Voir aussi diverses communications faites sur ce sujet à la Société des agriculteurs de France et à la Société des viticulteurs de France.

d'eau. On se sert soit d'appareils à dos d'homme (pulvérisateurs Vermorel), soit d'un appareil à bat (appareil Cazaubon). L'emploi simultané de l'un et des autres permet de traiter tout le domaine en 5 ou 6 jours environ.

Je me suis arrêté aux bouillies à faible dose de sulfate de cuivre, que je considère comme efficaces, à la condition que les traitements soient répétés et intégraux : c'est dans la *fréquence* des traitements, dans leur *intégralité* que je fais résider toute l'efficaté de la défense contre les maladies cryptogamiques, bien plus que dans les doses élevées de sulfate de cuivre employé.

A ces traitements liquides, il est adjoint des poudrages : soufres et sulfostéatite. Règle invariable : Un soufrage abondant est pratiqué toujours pendant la floraison, *et en pleine floraison* ; de telle sorte que les vignes reçoivent à ce moment, et coup sur coup : A, un sulfatage immédiatement avant la floraison ; B, un soufrage abondant pendant la floraison ; C, un sulfatage immédiatement après la floraison. Un autre soufrage est pratiqué après le sulfatage de juillet. La sulfostéatite est employée, selon les cas, soit seule, soit en mélange avec le soufre. C'est un agent de défense précieux pour atteindre les grappes quand celles-ci sont recouvertes par le feuillage, et incomparable en cas d'invasion de mildew au moment de la floraison.

Pour tous ces poudrages, on utilise « la Torpille » en jets abondants, fouillants et pénétrants.

Les insectes les plus répandus sont la « pyrale » et l'« altise ». La pyrale apparaît à intervalles irréguliers. En 1908, le nombre en était assez considérable pour qu'il ait semblé nécessaire d'organiser la lutte pendant l'hiver de 1909. On a appliqué l'*échaudage* ou *ébouillantage* sur une partie du domaine ; l'autre partie a été traitée au « Pyralion ».

Quant à l'altise, sa présence est constante et ses dégâts parfois importants. Contre elle, toute une série de moyens de défense ont été mis en œuvre. Je ne saurais les reproduire ici en détail, notamment parce qu'ils ont fait l'objet de communications diverses soit à la presse agricole, soit aux Associations agricoles. Je me borne à rappeler les principales expériences ; contre l'insecte parfait, bouillies à base de poudre de pyrèthre, de pétrole et savon mou, de savon à la nicotine, à la térébenthine, etc. ; contre les larves : projection de soufre, de sulfostéatite mélangée de poudre de pyrèthre, de sulfure, etc. La plupart de ces moyens, joints à «la chasse au plat», sont suffisants quand il s'agit de parer à une invasion normale d'altises. En cas d'invasion grave, comme celle qui se produisit en 1905, et qui entraîna aux environs de Montpellier un véritable désastre, ils sont nettement insuffisants. Il faut alors, de toute nécessité, avoir recours aux sels d'arsenic. Ceux-ci ont été expérimentés aux Causses dans des conditions comparatives dont il a été rendu compte : finalement, et après bien des tâtonnements, je me suis arrêté à la formule suivante :

Arséniate de soude..............	120 grammes
Chaux bluttée pure..............	180 —
Eau..............................	100 litres

Cette préparation (bouillie à l'arséniate de chaux), d'un prix de revient très peu élevé, est d'une activité certaine ; ses effets sont immédiats. En 1907, en 1908, elle a été appliquée à l'ensemble du domaine, où les dégâts des altises ont été nuls. En 1907, l'emploi des sels d'arsenic m'avait permis de conserver intacte toute ma récolte, alors que dans mon voisinage immédiat celle-ci était très réduite ou presque nulle.

L'emploi des sels d'arsenic s'est aujourd'hui généralisé dans toute la région. Il m'est permis de croire que les essais et les résultats accusés aux Causses y ont contribué dans une certaine mesure.

III

Bâtiments d'exploitation. — Celliers. — Vinification. — Bilan. — Conclusions

J'ai dit plus haut ce qu'étaient, en 1890, les bâtiments d'exploitation : vieux, en mauvais état, ils réclamaient d'urgentes réparations ; il y fut procédé sans retard. Mais il était, dès ce moment, manifeste qu'ils deviendraient, à bref délai, insuffisants, et qu'ils exigeraient un remaniement complet.

Comme je désirais habiter les Causses une grande partie de l'année, y prendre en mains la direction et la surveillance effectives du domaine. la construction d'une maison d'habitation s'imposait : Elle fut édifiée aussitôt, et un jardin créé autour d'elle pour y ménager quelque ombrage.

En même temps, j'abordai l'étude d'un plan d'ensemble, me réservant de l'appliquer seulement au fur et à mesure des besoins, et si le succès des plantations de vignes projetées répondait à mon attente.

Je m'arrêtai à la pensée de reporter plus tard l'exploitation proprement dite sur le petit plateau qui dominait la vigne de l'aire, et de réserver pour l'habitation de maître et les communs qui en devaient dépendre, la plupart des bâtiments alors existants. C'est ce plan initial que j'ai développé par la suite tel que je l'avais conçu dès l'abord, et qui constitue l'ensemble des constructions édifiées à diverses époques.

S'il procède bien d'une idée maîtresse arrêtée à l'origine, il importe de remarquer qu'il n'a reçu d'exécution que lorsque la nécessité en est apparue impérieusement, et aussi lorsque l'accroissement des récoltes a permis d'en payer en partie les dépenses avec les ressources mêmes du domaine, ou du moins de pressentir nettement que, grâce à celles-ci, l'amortissement ne souffrirait aucune difficulté sérieuse.

Et de fait, il en a bien été ainsi : si pour faire face aux dépenses extraordinaires des constructions les plus importantes, — telle que le cellier, — il a fallu augmenter le capital de premier établissement, le revenu net des récoltes a permis d'éteindre celui-ci pour une bonne part ; de telle sorte qu'on peut dire sans exagération que le domaine s'est, en quelque sorte, suffi à lui-même, et, par ses propres forces, a paré à tous les frais des améliorations successivement réalisées.

C'est en 1898 que la construction d'une nouvelle cave fut reconnue indispensable. L'ancien cellier avait déjà été, d'ailleurs, profondément modifié : on avait enlevé deux des cuves en maçonnerie pour mettre à leur place un pressoir ; on l'avait peu à peu garni de foudres neufs ; mais il fallait de toute nécessité de plus vastes logements pour des récoltes qui progressaient à vue d'œil.

En même temps, on voulait édifier un hangard, des écuries et des greniers, un ramonetage, de manière à constituer ailleurs une nouvelle cour d'exploitation.

Un incendie, survenu en 1900, et qui détruisit les vieilles écuries et la petite remise y attenante, fournit l'occasion de terminer à la fois et les celliers et les communs, et de réaliser l'ensemble des constructions telles qu'elles existent à l'heure actuelle.

On peut dire que des anciens bâtiments, il ne reste rien, hormis le logement du régisseur et la vieille cave, d'ailleurs complètement remaniée.

La cour d'exploitation forme un quadrilatère borné au nord par les celliers et le hangar, à l'est par le mur de clôture et le chemin d'arrivée, à l'ouest par la rampe en pente douce donnant accès à la cuverie, au sud enfin par le logement du payre et des domestiques, les écuries, les remises et le logement des vendangeurs.

Les celliers comprennent deux chais accouplés et deux caves annexes : l'un, celui du haut, qui s'ouvre sur la cour d'exploitation, sert à la fois de cuverie et de cave ; l'autre, celui du bas, qui s'ouvre sur la cour de la maison d'habitation et le jardin est destiné au logement des vins faits : Il en est de même des annexes.

Le premier est garni de quatre cuves ouvertes de 280 hectolitres chaque, utilisées pour les vinifications en rouge ou en blanc, pour la conservation des marcs en vue de leur distillation ou de la confection des piquettes, et de huit foudres de 355 hectolitres chacun. Le second est garni de foudres de dimensions diverses, allant de 280 à 380 hectolitres, et de cuves en sidéro-ciment destinées à la garde des vins blancs. L'ensemble des celliers peut loger environ 8.500 hectolitres de vin.

En adoptant le dispositif de deux caves accouplées, et en observant jalousement les différences de niveau qui existaient naturellement entre elles, on a obéi à diverses considérations : on a voulu d'abord abriter complètement la cave inférieure par les murs surélevés de sa voisine, et abriter également celle-ci par le hangard, de manière à leur conserver à l'une et à l'autre le plus de fraîcheur possible. On a entendu, d'un autre côté, ajouter des facilités toutes particulières aux décuvaisons, aux soutirages, à toutes les manipulations des moûts ou des vins appelés à passer de la cave supérieure dans la cave inférieure.

Si pour l'ancienne cave, il a fallu conserver le gros œuvre tel quel, sans modifications radicales, pour la nouvelle on s'est appliqué à réaliser quelques progrès certains : tel par exemple l'établissement de la toiture, où les poutres en bois ont été remplacées par des fermes en fer pouvant permettre une double enveloppe : c'est le premier type de ce genre qui ait été construit dans le Midi ; et depuis lors il a servi de modèle à beaucoup d'autres.

Ma préoccupation dominante dans l'aménagement des celliers a été de simplifier le plus possible la main-d'œuvre, et d'organiser toutes choses en vue d'accélérer le travail des vendanges et des vinifications : tout l'outillage a été conçu pour répondre à ce double objectif.

Cet outillage se compose : 1° d'une chaîne à godets ou noria monte-charges ; 2° d'un récepteur muni d'un fouloir ; 3° de wagonnets roulant sur une voie Decauville placée sur le plancher-galerie qui couronne les cuves et les foudres ; 4° d'entraîneurs de vendanges munis d'égouttoirs, spécialement destinés aux vinifications *en blanc* ; 5° de pompes fixes ; 6° d'un moteur à pétrole qui actionne tous les appareils ; 7° de pressoirs fixes à grand diamètre et à charge remontante, du système P. Paul.

Au moment des vendanges, la mise en marche et la manœuvre sont des plus simples : les charrettes portant les pastières viennent, après être passées à la bascule, se ranger devant le réservoir ou conquet qui alimente la chaîne à godets : Elles sont vidées par un homme muni d'une pelle. La vendange, élevée par la noria, tombe dans le fouloir et de là dans un wagonnet. Quand celui-ci est plein, il est entraîné par deux hommes jusqu'au foudre à remplir, cependant qu'un autre wagonnet vient prendre sa place et se remplir à son tour. Quand il s'agit d'utiliser les cuves sises au-dessous même du plancher qui soutient le fouloir, la manœuvre est plus facile encore : il suffit d'un simple porte-fruit pour que la vendange foulée s'écoule d'elle-même dans la cuve. Tout ceci pour la préparation des vins rouges.

Pour les vinifications *en blanc*, qui sont de beaucoup les plus importantes, la vendange, au sortir du fouloir, est reçue par les entraîneurs et conduite jusqu'aux chambres d'égouttage : ces entraîneurs, constitués par des vis sans fin ou vis d'archimède, portent des égouttoirs où se réunit le moût avant d'aller directement dans les cuves de débourbage. Ici, la main-d'œuvre est nulle, et c'est un résultat qu'il importe de signaler que d'être parvenu à la supprimer totalement : un seul homme surveille la marche normale des appareils, et préside à leur entretien.

Dans l'un comme dans l'autre cas, 8 minutes suffisent pour vider et enlever complètement la vendange d'une pastière pesant en moyenne 2.000 kilos net. C'est la possibilité de renfermer par jour jusqu'à 80.000 kilos de raisins. Mais cette donnée est purement théorique : pratiquement, la vendange quotidienne ne dépasse guère 55.000 kilos en moyenne, et c'est là une quantité largement suffisante pour une récolte totale n'atteignant que rarement 1 million de kilogrammes de raisins.

Les pratiques de vinification observées aux Causses varient naturellement selon qu'il s'agit d'obtenir des vins rouges, des vins rosés ou des vins blancs.

Elles sont basées, *pour les vins rouges,* sur le principe de cuvaisons courtes ne dépassant jamais 4 jours, et sur l'emploi méthodique de l'acide sulfureux à l'aide soit de la combustion du soufre, soit de métabisulfite de potasse.

Pour les vins blancs, provenant de raisins rouges, en l'espèce de l'aramon, elles sont basées sur le principe de l'aération des moûts et de l'oxydation de la matière colorante au contact de l'air.

J'ai signalé plus haut que l'obtention *des vins blancs* avait été un des buts poursuivis dès la première heure, et que l'orientation donnée tant aux plantations et à l'encépagement qu'à l'installation même du cellier devait, dans ma pensée, le réaliser pleinement.

Au début, j'ai procédé par tâtonnements, me bornant, pour la vinification en blanc, à séparer rapidement le moût de la grappe écrasée, et à le traiter par l'acide sulfureux. Plus tard, en 1896, 1897, 1898, j'ai tenté d'employer le noir animal ; mais il m'a paru que les moûts ainsi traités donnaient des produits, plus blancs sans doute, mais moins fruités, moins corsés, moins agréables au goût. Dès 1898, et sur les conseils de MM. Sémichon et Bouffard, j'avais fait une expérience de décoloration du moût, par barbotage à l'air libre, et j'avais été frappé des résultats. Aussi, quand parurent, en 1899, les belles études de ces deux œnologues sur la vinification en blanc par l'aération du moût, mon parti était arrêté, ma méthode définitivement acquise ; et je ne m'en suis plus écarté.

Voici comment j'opère aujourd'hui : au sortir de l'égouttoir, le moût qui y a déjà subi un commencement d'aération, est envoyé dans la cuve de débourbage, située au-dessous de la chambre d'égouttage. Il y séjourne environ 2 heures ; au bout de ce temps, le robinet de la cuve est ouvert, et le moût (de couleur jaune brunâtre) s'écoule dans un conquet où il reçoit une première addition de bisulfite de potasse ; il est repris par la pompe et projeté dans le foudre où il doit accomplir sa fermentation. Il y reçoit une seconde addition d'acide sulfureux. Dès que la fermentation tumultueuse est terminée, le vin, encore chaud ou tiède, est l'objet d'un premier soutirage, destiné à le séparer des grosses bourbes. Il achève là sa fermentation, et est soutiré une seconde fois avant les froids de l'hiver. Chacun de ces soutirages est fait en présence de l'acide sulfureux.

Sans doute, par ce procédé très simple de vinification, les vins obtenus ne sont pas toujours parfaitement blancs ; ils le sont moins à coup sûr qu'avec l'emploi du noir animal ; mais ils conservent toute leur vinosité, toute leur fraîcheur, toute leur verdeur. Ils sont parfois teintés de jaune ; *ils virent au jaune;* mais il est rare qu'ils virent au rose, et c'est ce qu'il faut éviter pardessus tout en matière de vinification en blanc.

En ce qui concerne la vendange foulée, qui a été projetée par les entraîneurs sur les chambres d'égouttage, elle est reprise à la pelle et jetée sur les pressoirs. Chaque cuve d'égouttage est desservie par deux pressoirs, l'un de 3 m., 50 de diamètre, l'autre d'un diamètre plus petit. Il y a deux cuves d'égouttage et par conséquent 4 pressoirs. Au fur et à mesure qu'elle tombe sur le pressoir, la vendange est arrosée avec une solution de métabisulfite de potasse ; tout le vin qui s'écoule du pressoir est considéré comme vin rosé. Il est donné une première pressée, puis on enlève la claie et on retaille le gâteau. On donne une deuxième pressée sans la claie ; le vin de cette première taille est mélangé au premier et considéré comme rosé. Le marc est ensuite *remanié* sur le petit pressoir juxtaposé au grand ; il y subit une deuxième retaille ; à partir de ce moment, le vin de presse est considéré comme vin rouge et mis à part pour servir à la provision du personnel de l'exploitation.

Les pompes sont au nombre de cinq, savoir : 2 pompes fixes mues au moteur, d'un débit de 80 à 90 hectolitres à l'heure ; 2 pompes mobiles sur charriot, et une pompe à cuvier. Une troisième pompe fixe, mue également au moteur, est destinée à compléter cet outillage et sera mise en place prochainement.

Cette réfection complète des bâtiment d'exploitation et des celliers ne s'est pas faite sans de lourdes dépenses ; la plus grosse partie a été considérée comme devant s'ajouter au prix d'acquisition des Causses et constituer, avec ce dernier, le total des capitaux engagés dans l'entreprise. Mais une bonne part a été payée par les recettes mêmes du domaine et sur les revenus nets annuels produits par celui-ci : C'est ce qui m'a permis de dire plus haut que le domaine s'était en quelque sorte, et dans une large mesure, suffi à lui-même.

Ces constructions, ces aménagements ne sont pas, au surplus, les seules améliorations qu'il soit intéressant de noter. D'autres valent d'être mentionnées à leur tour.

En 1890, les ressources *en eau* du domaine étaient nulles pour ainsi dire ou à peu près. Un seul puits, situé dans la cour d'exploitation, fournissait l'eau nécessaire à l'alimentation du personnel et des animaux. Encore était-il peu abondant, et quelquefois à sec par les années d'extrême sécheresse. Il existait bien un second puits au pied même de la colline de Causse, mais l'accès n'en était pas très commode. Tel quel, c'est lui cependant qui fournissait l'eau indispensable pour les sulfatages et les travaux de la vendange.

Dès 1892, un nouveau puits était creusé, sur mes indications, au centre de la terre de Causse, en un point facilement battu par les vents. L'eau y fut trouvée en abondance, et d'excellente qualité. Deux pompes y furent installées, actionnées la première par un moulin à vent du système Dellon, la seconde par un manège à cheval, celle-ci destinée à suppléer celle-là, en cas de calme prolongé. Un tuyautage en fonte amenait l'eau jusqu'à un réservoir de 180 hectolitres, placé sur le point culminant, de manière à distribuer l'eau dans toutes les directions jugées utiles.

Cette installation, qui n'a exigé depuis lors que quelques travaux d'entretien, m'a donné toute satisfaction.

Je ne saurais terminer cet exposé sans mentionner, ne fut-ce que pour mémoire, les améliorations apportées au domaine par la réfection, le redressement ou le creusement des fossés, la construction d'acqueducs ou de ponceaux destinés à relier les terres entre elles et à en faciliter l'exploitation, l'arrangement du creux à fumier et de la fosse à purin — comme aussi les acquisitions diverses qui ont été effectuées, savoir : le pré du Moulinas et le pré du Curé, la petite vigne de Bonneterre, enfin deux délaissés communaux sis l'un à l'entrée même des Causses, l'autre en bordure de la terre du Saint-Médan d'une superficie de 1.000 à 1.200 mètres carrés. Le premier de ces délaissés permettra le déplacement de la grille d'entrée au croisement des chemins de Lattes et de Pérols, — déplacement qui eut été effectué depuis plusieurs années déjà, sans les préoccupations que soulève la prolongation de la crise viticole.

Sous l'empire des mêmes préoccupations, d'autres améliorations, arrêtées en principe, ont été ajournées, telles la démolition de la vieille maison du payre et l'achèvement de la maison d'habitation, tel encore le dallage en ciment des celliers, le prolongement du hangard, le développement des clôtures du bois et de la terre de Causse, etc., etc.

Nous pouvons à présent dresser comme le bilan de l'exploitation des Causses. Il se peut résumer dans les deux tableaux ci-dessous, visant l'un le relevé des récoltes, c'est-à-dire *la productivité* du domaine ; l'autre les résultats financiers, c'est-à-dire *les revenus nets*.

Etat des Récoltes (1)

Années	1890..	1.470	hectolitres vin,	vendus	23 fr. 75	l'hectolitre
—	1891..	1.645	—	—	16 fr. 50	—
—	1892..	1.974	—	—	16 fr. 75	—
—	1893..	3.250	—	—	15 fr. » »	—
—	1894..	3.500	—	—	13 fr. 50	—
—	1895..	2.680	—	—	17 fr. 50	—
—	1896..	2.800	—	—	17 fr. 50	—

(1) Les grains et fourrages produits accidentellement ne sont pas compris dans ce relevé.

Années 1897..	4.800 hectolitres vin, vendus	21 fr. 50	—
— 1898..	5.300	— —	18 fr. »»	—
— 1899..	6.500	— —	19 fr. 50	—
— 1900..	7.000	— —	8 fr. »»	—
— 1901..	7.900	— —	8 fr. »»	—
— 1902..	5.600	— —	15 fr. »»	—
— 1903..	5.100	— —	23 fr. 50	—
— 1904..	5.300	— —	9 fr. »»	—
— 1905..	8.100	— —	8 fr. et 7 fr.	—
— 1906..	7.200	— —	10 fr. »»	—
— 1907..	8.200	— —	12 fr. »»	—
— 1908..	4.500	—	(non encore vendus)	

Etat des Revenus nets du Domaine

Années		Revenus	Période
Années 1890	....	Néant.	Période de préparation
— 1891	....	—	
— 1892	....	—	
— 1893	....	—	
— 1894	....	6.838 fr. 70	
— 1895	....	13.112 fr. 45	
— 1896	....	3.455 fr. 65	
— 1897	....	8 945 fr. 20	
— 1898	....	48.131 fr. 55	
— 1899	....	35.979 fr. 40	Période de productivité
— 1900	....	52.041 fr. 45	
— 1901	....	8.254 fr. 25	
— 1902	....	8.343 fr. 50	
— 1903	....	31.660 fr. 65	
— 1904	....	55.668 fr. 35	
— 1905	....	20.097 fr. 75	
— 1906	....	3.647 fr. 65	
— 1907	....	35.416 fr. »»	
— 1908	....	50.677 fr. 65	
Total	....	382.270 fr. 20	

Soit, pour 18 années, une moyenne de 21.237 francs par an.

Quelque satisfaisants que puissent paraître ces chiffres, on doit remarquer qu'ils ne représentent pas *exactement* la valeur intégrale de productivité du domaine, à raison de la souscription d'actions à la Société du Groupement de vignobles du Bas Languedoc, — souscription payée en vin, et représentant 17.500 francs, -- puis ultérieurement de la mise en liquidation de cette Société ; à raison aussi de la déconfiture en 1899 de l'acheteur de la cave et de la perte qui en est résultée : On peut évaluer à 35.000 francs en chiffres ronds les sommes qui, de ce chef, n'apparaissent pas au compte des revenus nets.

On doit noter, en outre, que ces résultats ont été réalisés en pleine période de crise, avec des cours avilis comme en 1900, 1901, 1904, 1905, 1906. Et il est permis de se demander ce qu'ils eussent été, si la situation était demeurée normale, et si le prix des vins s'était maintenu aux approches de 15 francs l'hectolitre ?

Tels quels, ils permettent de juger la direction, l'orientation imprimées au domaine, et de pressentir ce qu'il en peut aller dans l'avenir.

Ce n'est pas, à coup sûr, que celles-ci soient à l'abri de tout reproche : deux critiques surtout leur pourraient être adressées, auxquelles je voudrais d'avance répondre.

D'abord ceci : pourquoi n'avoir pas réservé, sur le domaine, les terres nécessaires à la provision des fourrages et des grains, et s'être mis ainsi dans l'obligation de les acheter toujours au dehors à des prix souvent fort élevés ?

On sait qu'en achetant les prés du Moulinas et du Curé, j'avais cru résoudre en partie cette question. Mais j'ai eu jusqu'à ces dernières années des raisons plus sérieuses, des motifs plus fondés encore pour ne rien changer à l'amodiation du domaine des Causses : c'est que, en 1900, j'avais procédé, d'accord avec mon père et mes frères, à l'achat du domaine de Courtine, près Avignon, situé sur les bords du Rhône et de la Durance, admirables terres d'alluvions récentes, d'une étendue totale de 160 hectares, destinées, dans notre pensée, à l'établissement d'un grand vignoble d'une centaine d'hectares, et pour le surplus à la production de luzerne et d'avoine en quantité suffisante pour subvenir aux besoins des Causses et de Launac (propriété de famille exploitée directement par mon père).

Et de fait, il en a bien été ainsi jusqu'en 1905, époque où, à la suite d'un partage de famille, Courtine (1), passant aux mains d'un de mes frères, a cessé de fournir aux Causses la presque totalité de ses fourrages, de ses pailles et de ses avoines.

Mais je reconnais que cette situation s'étant modifiée, il serait plus sage, dans les circonstances actuelles, de rompre avec les dangers d'une monoculture exclusive ; et c'est à quoi je songe, en me proposant d'arracher la vigne du « *Grand Plantié* ».

L'autre critique peut être formulée à l'encontre des *frais d'exploitation* : Je tombe d'accord que ceux-ci sont trop élevés, puisqu'ils atteignent 900 francs par hectare et ont quelquefois dépassé ce chiffre. Je me suis efforcé de les réduire depuis que je vois la crise s'affirmer par son caractère de durée et de persistance, et de les ramener à 800 francs : Je n'y suis que fort imparfaitement parvenu ; et il y a, de ce côté quelque chose à reprendre.

A la vérité, les méthodes culturales adoptées sont coûteuses ; elles nécessitent une main-d'œuvre supplémentaire que l'on évite ailleurs ; et, depuis les grèves agricoles, les prix de la main-d'œuvre ont haussé dans une proportion qui est loin d'être négligeable. Il faudrait tendre à la restreindre, à la diminuer. Et pourtant, ces méthodes ne sont-elles pas justifiées par les fruits qu'elles ont produits ?

Je suis de ceux qui pensent que la viticulture, et plus spécialement la viticulture méridionale, se doit de réformer son œuvre agricole et la perfectionner sur les points où elle pêche manifestement. La poursuite, la recherche inquiète de la *quantité* qui s'expliquait au lendemain de la crise phylloxérique, a fait son temps. Il la faut abandonner pour s'orienter résolument vers la perfection ou encore la spécialisation des produits. Peut-être aussi convient-il de renoncer à cette monoculture qui est, en définitive, la caractéristique quelque peu inquiétante de notre pays. Mais, quoiqu'on fasse, il est un fait économique que nous ne saurions perdre de vue ; nous ne remonterons pas le

---

(1) On me pardonnera de consigner ici, en quelques mots, ce qu'a été la constitution du vignoble de Courtine, à laquelle j'ai consacré 5 années d'efforts persévérants et de soins assidus : 100 hectares de vignes américaines ont été créés avec un succès tel que la récolte en vin, qui était en 1900 de 1.800 hectolitres, est passée en 1907 à 15.000 hectolitres, et s'est maintenue à ce chiffre en 1908.

courant irrésistible qui, sans exception, dans toutes les productions et toutes les industries, a tout entraîné vers le bon marché universel. Ce bon marché inévitable que nous devons subir à la consommation, la production à son tour doit chercher à le réaliser dans une réduction du *prix de revient de l'hectolitre*. Et, qu'on y prenne garde, ce n'est pas en *augmentant la production à l'hectare* qu'il faut réduire le prix de revient, car en ce cas le remède serait pire que le mal, mais en économisant sur les prix de culture.

Je tiens cette économie pour réalisable, sans porter atteinte en quoi que ce soit aux sources essentielles de la prospérité et de la fécondité du vignoble. C'est dans cette voie que je suis, pour ma part, déterminé à m'engager, persuadé que je pourrai ainsi, sans sombrer, laisser passer la tempête, maintenir le domaine dans l'état où je l'ai conduit, et réserver complètement l'avenir.

Les Causses, février 1909.

Prosper GERVAIS.

www.ingramcontent.com/pod-product-compliance
Ingram Content Group UK Ltd.
Pitfield, Milton Keynes, MK11 3LW, UK
UKHW020326220726
13923UKWH00003B/1385